普通高等教育电子信息类系列教材

简 明 电 工 学

主 编　王　雄　张　菁
副主编　李　艳　杨宏斌

西安电子科技大学出版社

内 容 简 介

本书以应用型人才培养为导向，分为电路、电机及其控制、模拟电子技术和数字电子技术四个部分，共计 15 个模块，30 次课。本书主要内容包括：电路的基本概念与基本定律，含电阻元件的直流电路分析，含电阻、电容、电感元件的直流电路分析，含电阻、电容、电感元件的交流电路分析，三相交流电路分析，变压器，三相异步电动机，交流电动机的控制，半导体器件，分立元件放大电路，集成运算放大电路，直流稳压电源，逻辑门电路，组合逻辑电路，时序逻辑电路。

本书可作为本科院校非电类专业的教材，也可供感兴趣的读者参考。

图书在版编目(CIP)数据

简明电工学 / 王雄，张菁主编. —西安：西安电子科技大学出版社，2021.2
(2022.5 重印)
ISBN 978 - 7 - 5606 - 5981 - 7

Ⅰ. ①简… Ⅱ. ①王… ②张… Ⅲ. ①电工—高等学校—教材 Ⅳ. ①TM1

中国版本图书馆 CIP 数据核字(2021)第 006559 号

策　　划	刘玉芳
责任编辑	刘玉芳
出版发行	西安电子科技大学出版社(西安市太白南路 2 号)
电　　话	(029)88202421　88201467　邮　　编　710071
网　　址	www.xduph.com　　　　　电子邮箱　xdupfxb001@163.com
经　　销	新华书店
印刷单位	陕西天意印务有限责任公司
版　　次	2021 年 2 月第 1 版　2022 年 5 月第 2 次印刷
开　　本	787 毫米×1092 毫米　1/16　印张 15.5
字　　数	365 千字
印　　数	2001～4000 册
定　　价	39.00 元

ISBN 978 - 7 - 5606 - 5981 - 7/TM

XDUP 6283001 - 2

＊ ＊ ＊ 如有印装问题可调换 ＊ ＊ ＊

前　　言

应用型人才的培养需落实在课程之上，而"模块化教材"是"模块化课程"的基础。本书以"能力要求"凝炼模块，每个模块均包含能力要素、知识结构、实践衔接、项目应用和按次分开的课，而每次课又包含导学导课、理论内容、专题探讨和三题练习。模块中的能力要素指该模块要求学生具备的能力，所有的环节都围绕能力要素进行设置。其中专题探讨、三题练习和项目应用均提供了答案，读者可通过扫描书中的二维码查询。

本书的第一部分为电路，主要包括：电路的基本概念、基本定律与基本分析方法；直流电源和交流电源激励下的电阻、电容、电感元件电路分析；三相交流电路分析。

第二部分为电机及其控制，主要包括：变压器；三相异步电动机；低压电器和 PLC 对交流电动机的控制等。

第三部分为模拟电子技术，主要包括：半导体器件；由半导体器件构成的放大电路；由集成运放构成的放大电路；直流稳压电源。

第四部分为数字电子技术，主要包括：逻辑门和触发器；由逻辑门构成的组合逻辑电路；由触发器构成的时序逻辑电路。

与现有教材相比，本书在保持必要理论知识的基础上进行了大胆的删减和重组，但无论如何，理论知识都是应用的基础，所谓"万丈高楼平地起"，打好基础至关重要。

本书每次课只有三道练习题，但并不意味着会忽略练习，仍然要求读者能够广泛查阅资料，寻求问题的答案。

这是一本注重应用的书，多数情况下，并不要求读者深入理解器件的原理和结构，而偏重于如何使用。学习的目的是为了解决问题，体现的正是"模块化"中的能力，因此一定要重视"实践衔接"和"项目应用"，进而提升解决实际问题的能力。

本书是团队合作的成果，其中电路部分由王雄编写，电机及其控制部分由杨宏斌编写，模拟电子技术部分由李艳编写，数字电子技术部分由张菁编写。本科生田佳乐、杨宇科、卜富伟参与了图形绘制工作。本书是榆林学院规划的模块化教材，得到了陕西省高等教育教学改革重点攻关项目（19BG031）的支持，编写过程中编者参考了很多经典的书籍，在此对所有提供帮助的人员一并表示感谢。

由于编者能力有限，书中不足之处在所难免，希望读者能够提出宝贵意见，以便再版时能够予以更正。

编　者
2020 年 9 月

目　　录

第一部分　电　　路

第二部分　电机及其控制

第三部分　模拟电子技术

第四部分 数字电子技术

第 一 部 分

电　路

电路的基本概念与基本定律

　　电路的基本概念与基本定律是分析和计算电路的基础。本模块主要讨论电压源、电流源、电压和电流的参考方向、电源的工作状态、电位以及基尔霍夫定律等。在学习的过程中会涉及物理学的很多基础知识，需要多加思考，充分理解。

能力要素

　　(1) 掌握电路的基本概念。
　　(2) 能够对电路的电位进行求解。
　　(3) 能够对电路元件所起的作用进行判断并分析功率情况。
　　(4) 能够应用基尔霍夫定律分析简单电路。

知识结构

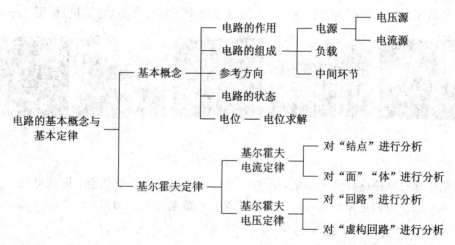

实践衔接

　　寻找现实生活中的 1～2 个电路，将其模型化后描述作用、组成及电路状态，并应用基尔霍夫定律求解电压和电流。

第 1 课

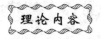导学导课

本次课主要讲授电路的基本概念。例如，请思考如下两个问题。

某高校 215 宿舍 6 月份耗电 30 度(1 度＝1 kW·h)。宿舍有 1 台计算机，功率为 200 W，其他用电忽略不计。

(1) 那么计算机平均每天运行多长时间？

$$30 \text{ kW·h} = 1 \times 30 \times 200t$$
$$t = 5 \text{ h}$$

即计算机每天运行 5 小时。

(2) 该宿舍供电电压为 220 V，试粗略估算计算机运行时电流为多大？

理想化计算机为电阻元件，则其电流约为

$$\frac{200 \text{ W}}{220 \text{ V}} \approx 0.9 \text{ A}$$

即电流约为 0.9 A(安培)。

理论内容

1.1　电路的作用与组成

问题 1 中宿舍供电电力系统如图 1.1.1 所示。发电厂发电后，交流电升压并入电网，继而通过高压输电线进行电力传输，到达地方逐级降压后供负载(计算机)使用。

发电　　　　升压　　　　输电　　　　降压　　　　负载

图 1.1.1　电力系统示意图

发电厂通过电路给计算机供电，计算机通过电路输出图像等信息，因此电路是为了某种需要由电工设备或电路元器件按一定方式组合而成的电流的通路。

1. 电路的作用

由上可知，电路的作用一：提供能量，实现电能的传输、分配与转换。

此外，计算机可以在显示屏上输出不断变化的图像，因此，电路的作用二：提供信号，实现信号的传递与处理。

体现电路作用的例子有很多。比如在电动玩具小车中，电池通过电路给控制器和马达

提供电能,控制器通过电路中电流的变化调整小车的运动速度等。

2. 电路的组成

发电厂的发电机可以理解为电源,用电设备可以理解为负载,连接电源与负载所需的变压器、导线、开关等,称为中间环节,因此电路由电源、负载、中间环节组成。需要强调的是,信号源也属于电源,其将非电量转换为电信号,比如传感器的信号采集装置。中间环节未必包含导线,比如无线充电。

将问题 2 中的计算机等效为一个电阻元件,同时假设由电源直接提供 220 V 电压,其电路模型可用图 1.1.2 表示。计算机的电磁特性十分复杂,但问题 2 只要求粗略估算电流,因此可将其等效为电阻元件,这就是元器件的理想化(模型化);该电源同样为理想化的电源,称为理想电压源。由理想元件组成的电路,称为电路模型。理想元件主要有电阻、电容、电感和电源,这些元件分别由相应的参数表征。

本书所分析的都是电路模型,简称电路。

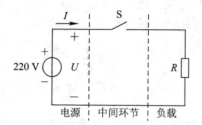

图 1.1.2　电路模型

1.2　电压源和电流源

1. 电压源

实际电源可用如图 1.2.1 所示的电路模型表示,这种用电压表示的电源模型称为电压源。

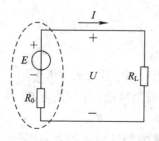

图 1.2.1　电压源模型

由图可得

$$U = E - R_0 I \tag{1.2.1}$$

表示电源输出电压 U 与输出电流 I 之间关系的曲线,称为电源的外特征曲线,如图 1.2.2 所示,当电压源开路时,$U = E$;当电压源短路时,$I = \dfrac{E}{R_0}$。

若 $R_0 = 0$ 或 $R_0 \ll R_L$（可将 R_0 视为短路），$U = E$，认为其为理想电压源，又称为恒压源，符号和电路如图 1.2.3 所示。它的外特征曲线是与横轴平行的直线，如图 1.2.2 所示。

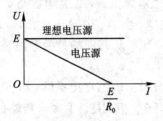

图 1.2.2　外特征曲线

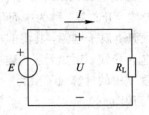

图 1.2.3　理想电压源

理想电压源的特点如下：

(1) 输出电压 U 恒等于电动势 E，与理想电压源并联的所有元件端电压均为 E。

(2) 理想电压源的输出电流受外电路影响。

如图 1.2.3 所示电路，若 $R_L = 2\ \Omega$，则

$$I = \frac{E}{2}$$

若 $R_L = 1\ \Omega$，则

$$I = E$$

任意电压源都可以理解为理想电压源与电阻的串联。发电机、电池和信号源等都可以等效为电压源。

2. 电流源

式 (1.2.1) 两边同时除以 R_0，可得

$$\frac{U}{R_0} = \frac{E}{R_0} - I$$

令

$$I_S = \frac{E}{R_0}$$

则

$$I = I_S - \frac{U}{R_0} \tag{1.2.2}$$

用电路图表达如图 1.2.4 所示。与图 1.2.1 相比，负载 R_L 的电压 U 和电流 I 并未发生变化。这种用电流表示的电源模型称为电流源。

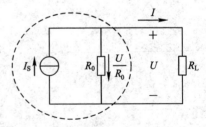

图 1.2.4　电流源模型

由式 (1.2.2) 可得到电流源的外特征曲线，如图 1.2.5 所示。当电流源开路时，$U = R_0 I_S$；当电流源短路时，$I = I_S$。

若 $R_0 = \infty$ 或 $R_0 \gg R_L$（可将 R_0 视为开路），$I = I_S$，称为理想电流源，又称为恒流源，其符号和电路如图 1.2.6 所示。它的外特征曲线是与纵轴平行的直线，如图 1.2.5 所示。

理想电流源的特点如下：

（1）输出电流 I 恒等于电流 I_s。与理想电流源串联的所有元件上的电流均为 I_s。

（2）理想电流源的输出电压受外电路影响。

如图 1.2.6 所示电路，若 $R_L = 2\ \Omega$，则

$$U = 2I_s$$

若 $R_L = 1\ \Omega$，则

$$U = I_s$$

任意电流源都可以理解为理想电流源与电阻的并联。电流源广泛应用于电子技术中。

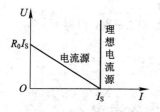

图 1.2.5　外特征曲线

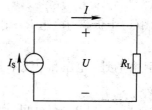

图 1.2.6　理想电流源

1.3　电压和电流的参考方向

在电路计算中，首要问题是确定电压和电流的方向，即需要在电路图上用箭头或"＋""－"标出它们的方向。

电流实际方向规定为正电荷运动的方向；电压实际方向规定为高电位（＋）指向低电位（－），即电位降低的方向；电源电动势实际方向规定为在电源内部由低电位（－）指向高电位（＋），即电位升高的方向。

对于有多个电源的电路，大部分情况下无法确定电压和电流的实际方向，所以在分析时需要假设一个方向，所假设的方向称为参考方向。如果计算结果为负值，则实际方向与参考方向相反；反之，则实际方向与参考方向相同。

电压和电流的参考方向还可用双下标表示。以电压为例，如图 1.3.1 所示，如 a、b 两点间的电压 U_{ab}，其参考方向由 a 指向 b，即 a 点的参考极性为"＋"，b 点的参考极性为"－"，显然 $U_{ab} = -U_{ba}$。

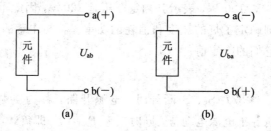

图 1.3.1　电压的双下标表示

一般情况下，电压与电流相伴出现，均需要设定参考方向。为了计算方便，一般选取

电压和电流的参考方向如图 1.3.2 所示。

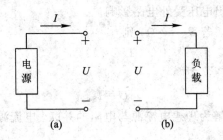

图 1.3.2 参考方向

如果图(b)中负载为电阻 R，则电压和电流的参考方向一致，可得

$$U = RI \tag{1.3.1}$$

需要注意的是，电压和电流本身还有正值和负值之分。

1.4 电源有载工作、开路与短路

1. 电源有载工作

如图 1.4.1 所示，当开关 S_1 断开，S_2 闭合时，电源与负载接通，称为有载工作。可得

$$U = E - R_0 I \tag{1.4.1}$$

进而可得

$$UI = EI - R_0 I^2$$

可表示为

$$P = P_E - \Delta P \tag{1.4.2}$$

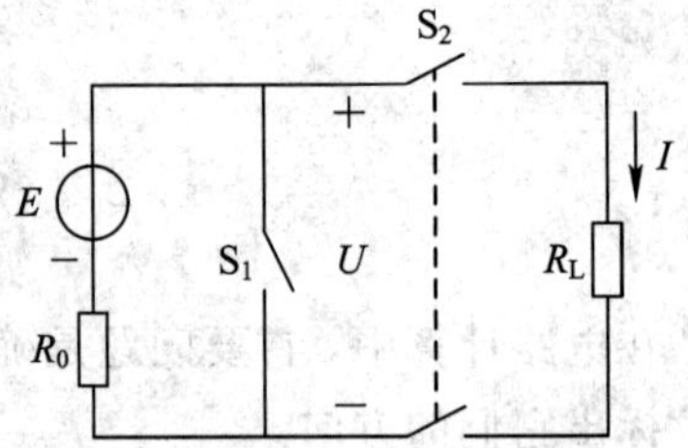

图 1.4.1 电源有载工作、开路与短路

P_E 指电源产生的功率，ΔP 指内阻消耗的功率，P 指电源输出的功率。图中负载为电阻，P 也可表述为负载消耗的功率，如果负载为电动机或者被充电的电源，P 可表述为负载取用的功率。

在实际生活中，负载几乎都并联运行，因为电源的端电压(输出电压)几乎不变，所以负载两端电压也几乎不变。当并联负载增加时，电源的输出电流和功率都会增加，因此电源输出电流和功率取决于负载的大小。

一般情况下，各种电气设备的电压、电流和功率都会有一个合适的值，称为额定值。比如一盏电灯标有 220 V/100 W，表示其额定电压是 220 V，因此不能接到 380 V 电源上；额定功率是 100 W，则确定了灯的亮度和消耗的功率。需要注意的是，电压、电流和功率的实际值不一定等于它们的额定值。

2. 电源开路

如图 1.4.1 所示，当开关 S_1、S_2 断开时，电源开路，称为空载状态。此时 $I = 0$ 且 $U = E$，即电源端电压等于电源电动势。同时功率 $P = 0$，即负载没有消耗功率。

由上可知，电路中的电流为 0，并不代表所有元件的电压均为 0。

3. 电源短路

如图 1.4.1 所示，当开关 S_1 闭合时，电源短路，则短路电流

$$I_S = \frac{E}{R_0} \tag{1.4.3}$$

此时 $U = 0$，$P = 0$，功率均被内阻消耗。一般情况下，内阻很小会导致短路电流很大，这种情况一般要避免出现。

由上可知，电路中的电压为 0，并不代表流过所有元件的电流均为 0。

1.5　电位的概念及计算

电路分析时会涉及电压大小的比较，用"电位"取代"电压"进行思考，往往更加便捷。学习电位时可以类比水位进行思考。

计算电位时，需要选定电路中某一点作为参考点（用接地符号⊥表示），通常设参考点的电位为零。电路中某点至参考点的电压，记为"V_x"，称为该点电位。

如图 1.5.1 所示，选取参考点为 b 点，则

$$V_b = 0$$

而

$$V_c = V_c - V_b = U_{cb} = E_1$$

同理

$$V_d = E_2$$

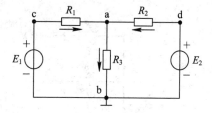

图 1.5.1　电路举例

需要注意以下几点：

（1）电流从高电位流向低电位。

（2）某点电位为正，说明该点电位比参考点高；反之，说明该点电位比参考点低。

（3）电位是相对的，参考点选取的不同，电路中各点的电位也将随之改变。

（4）电路中两点间的电压是固定的，不会因为参考点的不同而变化，即与参考点的选取无关。

原则上参考点可任意选择，但为了统一起见，当电路中的某处接地时，可选大地为参考点。当电路中各处都未接地时，可选取某点为参考点，如选取元件汇集的公共端为参考点，也称之为"地"。

图 1.5.1 可简化为图 1.5.2 所示电路，不画电源，各端标以电位值，二者是等效的。

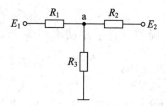

图 1.5.2　图 1.5.1 的简化电路

【例 1.5.1】　电路如图 1.5.3 所示，求 a、b 和 c 点电位。

解　已知参考点是 c 点，即

$$V_c = 0$$

则

$$V_b = V_b - V_c = U_{bc} = 3 \text{ V}$$
$$V_a = V_a - V_c = U_{ac} = 6 \text{ V}$$

【**例 1.5.2**】　电路如图 1.5.4 所示，计算开关 S 断开和闭合时 a 点的电位 V_a。

解　(1) 当开关 S 断开时，有

$$I_1 = I_2 = 0$$

则

$$V_a = 6 \text{ V}$$

(2) 当开关闭合时，图 1.5.5 为其等效电路，有

$$I_2 = 0$$

则

$$V_a = 0$$

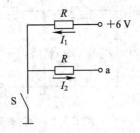

图 1.5.4　例 1.5.2 的电路

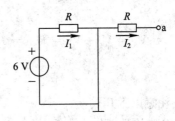

图 1.5.5　等效电路

图 1.5.3　例 1.5.1 的电路

专题探讨

【**专 1.1**】　判别电路中哪些元件是电源（或起电源作用），哪些元件是负载（或起负载作用）。以电池为例，当电池被充电时，电池起负载作用；当电池给设备供电时，电池起电源作用。根据电压和电流的实际方向可确定电路元件所起的作用，当电流从元件"＋"端流出时，元件起电源作用，发出功率；当电流从元件"＋"端流入时，元件起负载作用，取用功率。电路如图 1 所示，若 $U_s > 0$ 且 $I_s < 0$，判别电路中哪些元件发出功率，哪些元件取用功率？

第 1 课

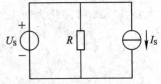

图 1　专 1.1 的电路

三题练习

【**练 1.1**】　某一支路电压为 -3 V，电流为 -3 A，能否判别该支路是取用还是发出功率？当该支路只存在电阻元件时，情况又如何？

【**练 1.2**】　电路如图 2 所示，计算 U 和 I；判断哪些元件起电源作用，哪些元件起负载作用，并说明功率情况。

【练 1.3】   电路如图 3 所示，求 a 点电位。

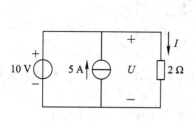

图 2   练 1.2 的电路

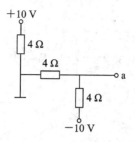

图 3   练 1.3 的电路

 第 2 课

普通手电筒的电路模型如图 1.6.0(a)所示，电流很容易求解。多功能手电筒电路模型如图 1.6.0(b)所示，电流如何求解？显然这是一个复杂的多电源多支路电流求解问题，仅靠欧姆定律无法解决，需要联立含有多个未知数的方程求解，还需要寻找电流、电压的关系。这种关系即电路最基本的基尔霍夫定律，包括基尔霍夫电流定律和基尔霍夫电压定律。

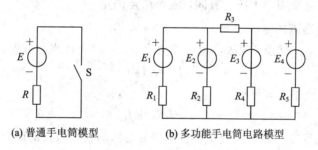

(a) 普通手电筒模型   (b) 多功能手电筒电路模型

图 1.6.0   电路模型

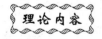

1.6   基尔霍夫定律

首先明确以下三个基本概念，以图 1.6.1 为例。

支路：电路中的每一个分支。一条支路流过一个不变的电流，称为支路电流。图中共有三条支路，三个支路电流分别为 I_1、I_2、I_3。

结点：三条或三条以上支路的连接点。图中共有两个结点：a、b。

回路：由支路组成的闭合路径。回路是从几何图形来看的，并非一定是电流的流通路。从电路某一点出发，沿着支路走，最终回到出发点，不走回头路，不走重复路，即是回路。图中共有三条回路：Ⅰ、Ⅱ、Ⅲ。

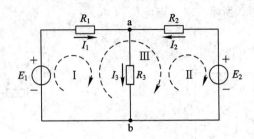

图 1.6.1　电路举例

【例 1.6.1】　求图 1.6.2 所示电路中支路、结点、回路的个数。

解　电路中支路有六条，分别为 ad、ab、ac、bd、bc、dc；

结点有四个，分别为 a、d、b、c；

回路有七条，分别为 adba、acba、dcbd；adcba、abdca、adbca；adca。

1.6.1　基尔霍夫电流定律

基尔霍夫电流定律（KCL）是用来确定结点上各支路电流关系的。其定义为：在任一瞬间，流入结点的电流之和等于流出该结点的电流之和。

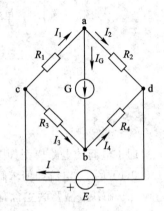

图 1.6.2　例 1.6.1 的电路

简述为：针对某一结点，流入电流等于流出电流，可类比水流理解。

$$I_\text{入} = I_\text{出} \tag{1.6.1}$$

图 1.6.2 中，由结点 a 可得

$$I_1 = I_2 + I_G$$

基尔霍夫电流定律可以推广应用于包围部分电路的任一假设的闭合面或闭合体。即对于一个"面"或"体"而言，流入电流同样也等于流出电流。

图 1.6.3 中，有 $I_a + I_b + I_c = 0$。

图 1.6.4 中，$I = 0$。

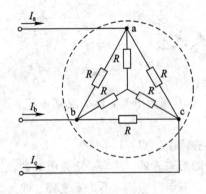

图 1.6.3　电路举例

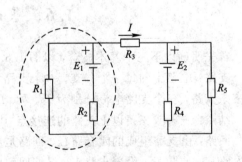

图 1.6.4　电路举例

【例 1.6.2】 电路如图 1.6.5(a)和(b)所示，试用 KCL 分析 I_5 分别为多少？

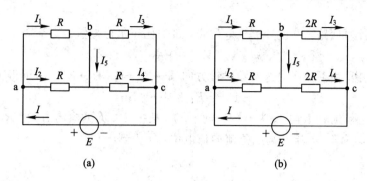

图 1.6.5　例 1.6.2 的电路

解　因电路结构对称，则

$$I_1 = I_2, \qquad I_3 = I_4$$

根据 KCL，由结点 a、c 可得

$$I = I_1 + I_2, \qquad I = I_3 + I_4$$

则

$$I_1 = I_3 = \frac{I}{2}$$

根据 KCL，由结点 b 可得

$$I_1 = I_3 + I_5$$

则

$$I_5 = 0$$

同理，根据 KCL 可解得图(b)中 I_5 也为 0。

给定了参考方向的多功能手电筒电路模型如图 1.6.6 所示，如果想计算电路中各支路的电流，由 KCL 可以列出一部分方程：

$$I_1 + I_2 = I_3$$
$$I_3 + I_4 + I_5 = 0$$

方程个数显然不够，那么剩余方程只能去寻找电压的关系，即基尔霍夫电压定律。

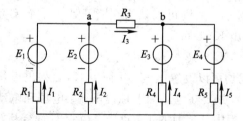

图 1.6.6　给定了参考方向的多功能手电筒电路模型

1.6.2　基尔霍夫电压定律

基尔霍夫电压定律(KVL)是用来确定回路中各电压关系的。其定义为：在任一瞬间，从回路中任一点出发,沿回路循行一周,回到出发点,则在这个方向上电位升之和等于电位降之和。

简述为:针对回路,电位升等于电位降,可类比于水位理解。

$$V_升 = V_降 \tag{1.6.2}$$

图 1.6.1 中,由回路 Ⅰ,选取顺时针方向(b→E_1→R_1→a→R_3→b)可得 KVL 方程为

$$E_1 = R_1 I_1 + R_3 I_3$$

详细解释:顺时针方向 E_1 为升(从－到＋)。根据 I_1、I_3 的参考方向,R_1、R_3 上的电位沿着顺时针方向为降(电流从高电位流向低电位,从＋到－)。

针对回路 Ⅱ,同理有

$$E_2 = R_2 I_2 + R_3 I_3$$

【例 1.6.3】 电路如图 1.6.7 所示,试用基尔霍夫定律分析 I_5 为多少?

解　根据 KVL,由回路 Ⅰ 可得

$$R I_1 = 2R I_2$$

则

$$I_1 = 2 I_2$$

根据 KCL,由结点 a 可得

$$I = I_1 + I_2$$

则

$$I_1 = \frac{2I}{3}$$

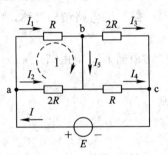

图 1.6.7　例 1.6.3 的电路

同理可求得

$$I_3 = \frac{I}{3}$$

根据 KCL,由结点 b 可得

$$I_1 = I_3 + I_5$$

则

$$I_5 = \frac{I}{3}$$

KVL 还可推广应用于回路的部分电路,如图 1.6.8 所示。

从图中看电路是断开的,实则可以认为在断开处有一个无穷大的电阻,构成假想回路。由 KVL 可得

$$U = E - R_0 I$$

电路中任意两点之间均可以设置电压,从而由 KVL 列出虚构回路电压方程。列方程时,首先要在电路图上标出电流、电压和电动势的参考方向,因为所列方程中各项前的正、负号是由它们的参考方向决定的。

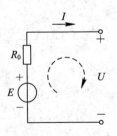

图 1.6.8　电路举例

【例 1.6.4】 电路如图 1.6.9 所示,已知 $E_2 = 10$ V,$U_{ab} = 4$ V,$U_{cd} = -6$ V。试求 U_{ad}。

解　根据 KVL,由虚构回路 abcda 可得

$$U_{ab} + E_2 + U_{cd} = U_{ad}$$

可得

$$U_{ad} = 4 + 10 + (-6) = 8 \text{ V}$$

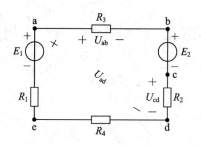

图 1.6.9 例 1.6.4 的电路

基尔霍夫定律具有普遍性，不仅适用于直流电源电路，还适用于交流电源电路。

专题探讨

【专 1.2】 对图 1.6.6 进行分析，应用基尔霍夫电压定律列出其他几个独立方程。

第 2 课

三题练习

【练 1.4】 电路如图 1 所示，求 R。

图 1 练 1.4 的电路

【练 1.5】 电路如图 2 所示，求 U_1 和 U_2。

【练 1.6】 电路如图 3 所示，$R_1 = 5 \ \Omega$，$R_2 = 15 \ \Omega$，$U_S = 100 \ \text{V}$，$I_1 = 5 \ \text{A}$，$I_2 = 2 \ \text{A}$。若 R_2 两端电压 $U = 30 \ \text{V}$，求 R_3。

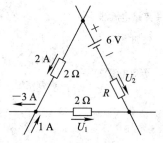

图 2 练 1.5 的电路

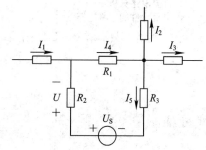

图 3 练 1.6 的电路

模块 ② 2

含电阻元件的直流电路分析

　　电源的电压或电流称为激励（有时称为输入），激励在电路各部分产生的电压和电流称为响应（有时称为输出），电路分析讨论的就是激励和响应之间的关系。学习完电路的基本概念和基本定律，自然要对包含电阻元件的多电源直流电路进行分析。本模块主要学习支路电流法、叠加原理和等效电源法，这些分析方法也适用于其他电路。

能力要素

　　(1) 掌握电路的电阻等效变换和电源合并方法。
　　(2) 能够应用支路电流法对多电源电路进行电压和电流求解。
　　(3) 能够应用叠加原理对多电源电路进行电压和电流求解。
　　(4) 能够应用戴维南定理和诺顿定理对多电源电路进行电压和电流求解。

知识结构

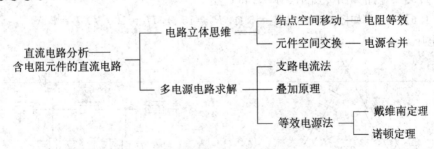

实践衔接

　　设计多电源电路，求解某一支路电流；并搭建实际电路，使用电流表进行结果验证；对比理论值和实际值，分析产生误差的原因。

第 3 课

 导学导课

模块 1 中采用基尔霍夫定律得到了求解多电源电路的方程组，那么根据基尔霍夫定律，还可以演化出哪些电路的求解方法？本次课主要让读者能够理解电路的立体思维并掌握分析电路的支路电流法和叠加原理。

理论内容

2.1　电路立体思维

2.1.1　结点空间移动

在理想化的电路模型中，结点与导线之间如果没有其他元器件，则其上所有的点均属于等电位点，点线可等效为一点，结点也可在导线上移动。

（1）如果结点空间移动没有改变原有电路结构，则电路完全等效。

（2）如果结点空间移动改变了原有电路结构，则"结点移动部分"不等效，但不影响电路整体等效。

将图 2.1.1(a)所示电路中的结点进行移动，可等效为图(b)，称之为完全等效；当等效为图(c)或图(d)时，已改变了"结点移动部分"电路，但不影响整体电路的电阻求解，称之为整体等效。

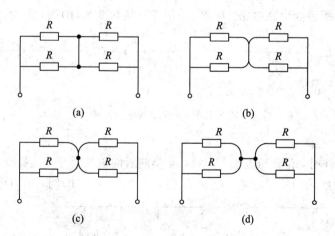

图 2.1.1　结点空间移动

【例 2.1.1】　求解图 2.1.2 所示电路的等效电阻 R_{ab}。

解　（1）(a)图结点移动，等效为图 2.1.3，则

$$R_{ab} = 4 /\!/ 4 + 6 /\!/ 6 + 9 /\!/ 0 = 5 \ \Omega$$

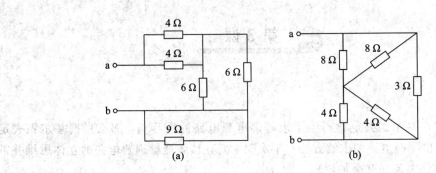

图 2.1.2　例 2.1.1 的电路

（2）（b）图结点移动，等效为图 2.1.4，则

$$R_{ab} = (8 \mathbin{/\!\!/} 8 + 4 \mathbin{/\!\!/} 4) \mathbin{/\!\!/} 3 = 2\,\Omega$$

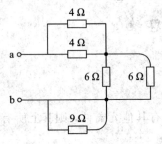

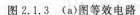

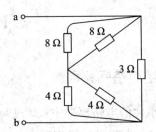

图 2.1.3　（a）图等效电路　　　　　　　　图 2.1.4　（b）图等效电路

2.1.2　元件空间交换

1. 串联

电路元件串联时，位置可互换，互换前后的电路对于外电路而言是等效的。

图 2.1.5（a）所示为串联电路。R 和 U_{S2} 位置互换后变为（b）图，进而可等效为（c）图。

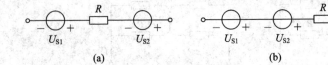

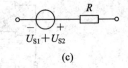

图 2.1.5　元件串联空间互换

2. 并联

电路元件并联时，位置可互换。同样，互换前后的电路对于外电路而言是等效的。

图 2.1.6（a）所示为并联电路，I_{S2} 和 R_1 位置互换后变为（b）图，进而可等效为（c）图。

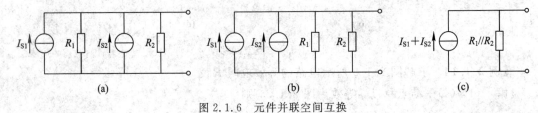

图 2.1.6　元件并联空间互换

实际的电路是立体的，因此两结点间的多条支路可相互调换，并无顺序之分。

2.2　支路电流法

多功能手电筒的电路模型如图 2.2.1 所示，虚线圈中虽然有两个结点，但是这两个结点相当于一个结点，为降低复杂程度，两结点间的支路不进行电流求解。因此所需求解的电流是五个(I_1、I_2、I_3、I_4、I_5)，独立方程也需要五个。

模块 1 已经讲过，根据 KCL，由 a 结点可得

$$I_1 + I_2 = I_3 \qquad (2.2.1)$$

由 b 结点可得

$$I_3 + I_4 + I_5 = 0 \qquad (2.2.2)$$

由虚线圈中结点可得

$$I_1 + I_2 + I_4 + I_5 = 0 \qquad (2.2.3)$$

以上三个方程，由式(2.2.1)和式(2.2.2)可推导出式(2.2.3)，因此独立方程只有两个。也就是说三个结点，只能列出两个独立方程，因此还需要三个独立方程。

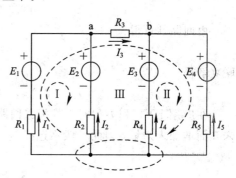

图 2.2.1　多功能手电筒电路模型

根据 KVL，由回路 Ⅰ 可得

$$E_1 + R_2 I_2 = R_1 I_1 + E_2 \qquad (2.2.4)$$

由回路 Ⅱ 可得

$$E_4 + R_4 I_4 = R_5 I_5 + E_3 \qquad (2.2.5)$$

由回路 Ⅲ 可得

$$E_1 + R_5 I_5 = R_1 I_1 + R_3 I_3 + E_4 \qquad (2.2.6)$$

五个独立方程求解五条支路电流，这就是支路电流法。

待求支路电流个数用 x 表示，有效结点数用 n 表示。由上可知：求解的未知数，即待求支路电流个数 $x=5$；有效结点数 $n=3$(总结点数是 4)。由 KCL 得到 $n-1=2$ 个独立方程，余下的 $x-(n-1)=3$ 个独立方程由 KVL 得到。

因此，支路电流法的解题步骤如下：

(1) 在图中标出各支路电流的参考方向，对选定的回路标出回路循行方向；

(2) 应用 KCL 对结点列出($n-1$)个独立的结点电流方程；

(3) 应用 KVL 对回路列出 $x-(n-1)$ 个独立的回路电压方程；

(4) 联立求解 x 个方程，得到各支路电流。

【例 2.2.1】　电路如图 2.2.2 所示，求解各支路电流。

解　待求支路电流为四个，但其中一条支路上有理想电流源，该支路电流已确定，所以未知数只有三个，需要三个独立方程。

参考方向、结点和回路如图所示。有效结点有两个，根据 KCL，由结点 a、c 可得

$$I_1 + I_2 + 7 = I_3$$

根据 KVL，由回路 Ⅰ 可得

$$12I_1 = 42 + 6I_2$$

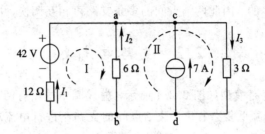

图 2.2.2　例 2.2.1 的电路

由回路 II 可得

$$6I_2 + 3I_3 = 0$$

联立解得

$$I_1 = 2 \text{ A}, \quad I_2 = -3 \text{ A}, \quad I_3 = 6 \text{ A}$$

在应用 KVL 列方程时，若所选回路中包含理想电流源，会因理想电流源两端的电压未知而增加未知量，因此一般不选择包含理想电流源的回路。

2.3　叠加原理

支路电流法求解电流个数较多且过程烦琐，因此可以将多电源问题化解为若干个单电源问题求解。

对于线性电路，任何一条支路的电流，都可以看作由电路中各个电源（电压源或电流源）分别作用时，在此支路中所产生的电流的代数和，即称之为叠加原理。叠加原理不仅能用于多电源电路求解，它还是分析和计算线性电路的普遍原理。

图 2.3.1(a) 中 I_1 和 I_2 可认为分别由一个理想电压源和一个理想电流源共同激励产生，因此可拆分为 (b) 图和 (c) 图。其中，(b) 图由理想电压源单独激励，(c) 图由理想电流源单独激励，则

$$I_2 = I_2' + I_2'' \tag{2.3.1}$$

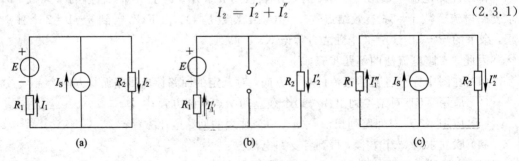

图 2.3.1　电路举例

(1) 当某个电源起作用时，为了让其他电源不起作用，需要进行除源。

除源：理想电压源不起作用时，$E = 0$，代之以短路；理想电流源不起作用时，$I_S = 0$，代之以开路。

(2) 叠加原理适用于线性元件组成的线性网络。电阻、电容和电感元件均属于线性元件。

由式 (2.3.1) 可得

$$R_2 I_2 = R_2 I_2' + R_2 I_2''$$

图(a)、(b)、(c)中 R_2 上的电压分别用 U_2、U_2'、U_2'' 表示，则

$$U_2 = U_2' + U_2''$$

图(a)、(b)、(c)中 R_2 上的功率分别用 P_2、P_2'、P_2'' 表示，则

$$P_2 = U_2 I_2 = (U_2' + U_2'')(I_2' + I_2'') \neq U_2' I_2' + U_2'' I_2'' = P_2' + P_2''$$

因此，线性电路的电流和电压均可用叠加原理计算，但功率则不然。

（3）解题时要标明各支路电流、电压的参考方向。若分电流、分电压与原电路中电流、电压的参考方向相反，叠加时相应项前要带负号。

（4）应用叠加原理时，每个电源有且只能起一次作用。

【例 2.3.1】　电路如图 2.3.2 所示，已知 $E = 10$ V，$I_S = 1$ A，$R_1 = 10$ Ω，$R_2 = R_3 = 5$ Ω，试用叠加原理求解 I 和 U_S。

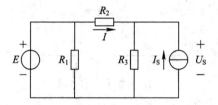

图 2.3.2　例 2.3.1 的电路

解　拆分电路如图 2.3.3(a)、(b)所示。

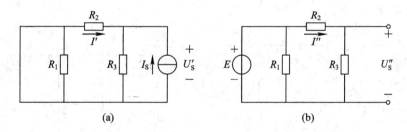

图 2.3.3　拆分电路

（1）当 I_S 单独作用时，有

$$I' = -\frac{R_3}{R_2 + R_3} \times I_S = -0.5 \text{ A}$$

$$U_S' = -R_2 I' = 2.5 \text{ V}$$

（2）当 E 单独作用时，有

$$I'' = \frac{E}{R_2 + R_3} = 1 \text{ A}$$

$$U_S'' = R_3 I'' = 5 \text{ V}$$

（3）由叠加原理可得

$$I = I' + I'' = 0.5 \text{ A}$$

$$U_S = U_S' + U_S'' = 7.5 \text{ V}$$

【专题探讨】

【专 2.1】 当有三个以上电源时,叠加原理如何拆分电路?是否必须要拆分为三个以上电路?

第 3 课

【三题练习】

【练 2.1】 电路如图 1 所示,$I_S=10\,\text{A}$,$E=30\,\text{V}$,$R_1=5\,\Omega$,$R_2=4\,\Omega$,$R_3=3\,\Omega$,$R_4=6\,\Omega$。试用支路电流法和叠加原理求电流 I。

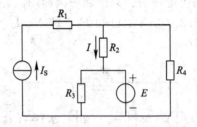

图 1 练 2.1 的电路

【练 2.2】 电路如图 2 所示,$U_{S1}=4\,\text{V}$,$U_{S2}=10\,\text{V}$,$U_{S3}=8\,\text{V}$,$R_1=R_2=4\,\Omega$,$R_3=10\,\Omega$,$R_4=8\,\Omega$,$R_5=20\,\Omega$。试用叠加原理求电流 I。

【练 2.3】 电路如图 3 所示,$U_{S1}=6\,\text{V}$,$U_{S2}=5\,\text{V}$,$I_S=5\,\text{A}$,$R_1=2\,\Omega$,$R_2=1\,\Omega$。试用叠加原理求电流 I。

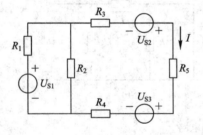
图 2 练 2.2 的电路

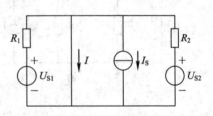
图 3 练 2.3 的电路

第 4 课

【导学导课】

第 3 课学习了电路分析的两种方法,支路电流法实则为基尔霍夫定律的衍生,所求的未知量较多,而叠加原理需要将原电路拆分为多个分电路,有时也不便捷。如果仅需求解某条支路的电压或电流时,可采用等效电源法,即戴维南定理和诺顿定理。

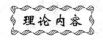

2.4 戴维南定理与诺顿定理

2.4.1 二端网络

二端网络：具有两个出线端的部分电路。

无源二端网络：二端网络中没有电源。

有源二端网络：二端网络中含有电源。

如图 2.4.1 所示，虚线框中为无源二端网络。显然，无源二端网络可化简为一个电阻。

如图 2.4.2 所示，虚线框中为有源二端网络。显然，R_3 上的电流为一个确定值，因此有源二端网络可以化简为一个等效电源给 R_3 供电。在等效电源的激励下，R_3 上的电压和电流保持原值。

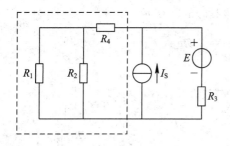

图 2.4.1 无源二端网络

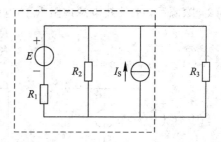

图 2.4.2 有源二端网络

有源二端网络可以等效为电压源模型，也可以等效为电流源模型。

2.4.2 戴维南定理

任何一个有源二端线性网络都可以用一个电动势为 E 的理想电压源和内阻 R_0 串联的电压源来等效代替，如图 2.4.3 所示。

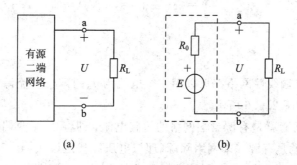

(a)   (b)

图 2.4.3 戴维南定理等效电源

等效电源的电动势 E 就是有源二端网络的开路电压 U_0，即将负载断开后 a、b 两端之间的电压。等效电源的内阻 R_0 就是有源二端网络除源(理想电压源代之以短路,理想电流源代之以开路)后所得到的无源二端网络 a、b 两端之间的等效电阻,这就是戴维南定理。

戴维南定理解题步骤如下:

(1) 在原电路基础上去除待求支路,形成有源二端网络;

(2) 求解有源二端网络开路电压 U_0,则 $E = U_0$;

(3) 有源二端网络除源后形成无源二端网络,求解其等效电阻 R_0;

(4) 将等效电压源与待求支路合为简单电路求解。

【例 2.4.1】　电路如图 2.4.4 所示,已知 $E_1 = 40\text{ V}$,$E_2 = 20\text{ V}$,$R_1 = R_2 = 4\ \Omega$,$R_3 = 13\ \Omega$。试用戴维南定理求电流 I。

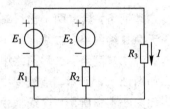

图 2.4.4　例 2.4.1 的电路

解　(1) 去除待求支路,求解等效电源电动势 E 的电路如图 2.4.5(a)所示。

$$I_1 = \frac{E_1 - E_2}{R_1 + R_2} = 2.5\text{ A}$$

$$E = U_0 = E_2 + R_2 I_1 = 30\text{ V}$$

(2) 除源后,求等效电源内阻 R_0 的电路如图 2.4.5(b)所示。

$$R_0 = \frac{R_1 \times R_2}{R_1 + R_2} = 2\ \Omega$$

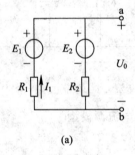 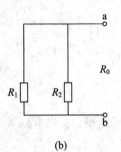 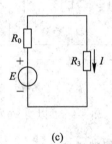

(a)　　　　　　　　　(b)　　　　　　　　　(c)

图 2.4.5　例 2.4.1 的求解电路

(3) 戴维南定理求解等效电路如图 2.4.5(c)所示,则

$$I = \frac{E}{R_0 + R_3} = 2\text{ A}$$

2.4.3　诺顿定理

任何一个有源二端线性网络都可以用一个电流为 I_S 的理想电流源和内阻 R_0 并联的电流源来等效代替,如图 2.4.6 所示。

等效电源的电流 I_S 就是有源二端网络的短路电流,即将 a、b 两端短接后其中的电流。等效电源的内阻 R_0 就是有源二端网络除源(理想电压源代之以短路,理想电流源代之以开路)后所得到的无源二端网络 a、b 两端之间的等效电阻,与戴维南定理求解 R_0 方法一致,这就是诺顿定理。

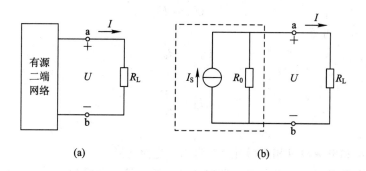

图 2.4.6　诺顿定理等效电源

诺顿定理解题步骤如下：

（1）在原电路基础上去除待求支路，形成有源二端网络；

（2）求解有源二端网络"二端"短接后的短路电流 I_S；

（3）有源二端网络除源后形成无源二端网络，求解等效电阻 R_0；

（4）将等效电流源与待求支路合为简单电路求解。

【例 2.4.2】　试用诺顿定理求解例 2.4.1。

解　（1）求解 I_S 电路如图 2.4.7(a)所示。

$$I_S = \frac{E_1}{R_1} + \frac{E_2}{R_2} = 15\ \text{A}$$

（2）求解 R_0 电路如图 2.4.7(b)所示。

$$R_0 = \frac{R_1 \times R_2}{R_1 + R_2} = 2\ \Omega$$

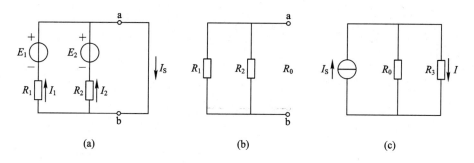

图 2.4.7　例 2.4.2 的求解电路

（3）诺顿定理求解等效电路如图 2.4.7(c)所示，则

$$I = \frac{R_0}{R_0 + R_3} \times I_S = 2\ \text{A}$$

2.4.4　电压源与电流源的等效变换

由戴维南定理和诺顿定理可知，有源二端网络能够等效为电压源模型和电流源模型。两者对外电路来讲是等效的，即提供相同的开路电压和短路电流。

由开路电压 U_0 进行推导：

由图 2.4.3(b)可得

$$U_0 = E \tag{2.4.1}$$

由图 2.4.6(b)可得

$$U_0 = R_0 I_S \tag{2.4.2}$$

因此

$$I_S = \frac{E}{R_0} \tag{2.4.3}$$

由上可知:

(1) 电压源和电流源可相互转化,二者对外电路等效。

(2) 等效电源的内阻也可通过开路电压和短路电流之比求得。

§专题探讨§

第 4 课

【专 2.2】 用戴维南定理求解某支路电流时,选取"整条支路"还是"整条支路的部分"作为去除对象较为合适?

§三题练习§

【练 2.4】 试用戴维南定理和诺顿定理分别求解练 2.1。如果将 R_1 换为 10 Ω,对 I 的数值有无影响?

【练 2.5】 试用戴维南定理求解练 2.2。

【练 2.6】 练 2.3 是否适合应用戴维南定理和诺顿定理求解?为什么?

含电阻、电容、电感元件的直流电路分析

电风扇扇叶以 1000 r/min（转/分）的速度在三挡恒速转动，称为一个稳定状态（稳态）。按下按键，转速提升到四挡以 1500 r/min 转动，称为另一个稳态。三挡到四挡的转速变化过程就是暂态过程。

模块 2 讨论的是直流电源激励下的电阻元件电路，一旦接通或者断开电源，电路会立即处于稳态。而当电路中包含电容、电感等储能元件时，却有所不同，其工作过程与电风扇的换挡有类似之处。如断开电源后，电气设备的指示灯会缓慢熄灭，就是因为电路中含有储能元件，需要一个暂态过程才能达到稳态。本模块主要对含有电阻、电容、电感元件的直流电路进行分析，进而讨论其工作过程。需要强调的是，一般情况下本书提到的电阻、电容、电感元件均指理想元件。

研究暂态过程是有意义的，因为利用电路暂态过程可以改善波形，也可产生锯齿波、三角波、尖脉冲等特定波形并应用于电子电路。同时，暂态过程开始的瞬间可能产生过电压、过电流而使电气设备或元件损坏，需要预防此类现象。

能力要素

（1）掌握换路定则，能够求解电路的初始值。

（2）能够求解电路的稳态值。

（3）能够求解一阶电路的时间常数。

（4）能够应用三要素法对一阶线性电路的暂态过程进行分析。

知识结构

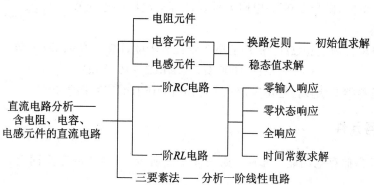

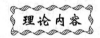 **实践衔接**

（1）调研不同类型的电阻器、电容器和电感器，观察其外形，了解其参数和作用，使用仪表测量其数值。

（2）举例生活中含有储能元件的电路，分析其暂态过程。

（3）完成本模块的项目应用。

第 5 课

导学导课

电路的稳态指电压、电流达到稳定值。暂态过程指电路从一种稳态变化到另一种稳态的过渡过程。那么包含有电容、电感等储能元件的电路为什么会产生暂态过程？本次课讨论电阻、电容、电感元件的特性和引起暂态过程的原因，并对暂态过程起始时刻的值和达到稳定状态的值进行求解。

理论内容

3.1 电阻元件、电容元件与电感元件

3.1.1 电阻元件

电阻元件是消耗电能的元件。如图 3.1.1 所示，用 u、i 表示电压和电流均是随时间变化的瞬时值。根据欧姆定律可得

$$u = Ri \tag{3.1.1}$$

其消耗的能量为

$$W_R = \int_0^t ui\,\mathrm{d}t = \int_0^t R\,i^2\,\mathrm{d}t \geqslant 0 \tag{3.1.2}$$

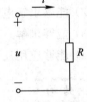

图 3.1.1 电阻元件

（1）电阻元件为耗能元件，其将电能转化为其他形式的能量，比如平常讲的"发光发热"。电阻元件还能够对电路的电压和电流进行调整。

（2）电阻单位为欧姆（Ω）。常用的电阻单位有千欧（kΩ）、兆欧（MΩ）等，换算关系为

$$1\ \mathrm{k\Omega} = 1000\ \Omega, \qquad 1\ \mathrm{M\Omega} = 1000\ \mathrm{k\Omega}$$

（3）电阻器类型众多，主要参数除了电阻外，还有额定功率等。

3.1.2 电容元件

电容元件是储存电场能的元件。如图 3.1.2 所示，u 和 i 的定义同上，则电容的表达

式为

$$C = \frac{q}{u}$$

其中 q 指电荷。而

$$i = \frac{\mathrm{d}q}{\mathrm{d}t}$$

则

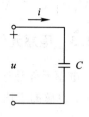

图 3.1.2　电容元件

$$i = C \frac{\mathrm{d}u}{\mathrm{d}t} \tag{3.1.3}$$

直流激励下的电路达到稳态时，u 为常数，i 为 0，因此将电容元件视为开路。

由式(3.1.3)可得电容元件存储的电场能为

$$W_C = \int_0^t ui \, \mathrm{d}t = \int_0^u Cu \, \mathrm{d}u = \frac{1}{2}Cu^2 \tag{3.1.4}$$

当电压增大时，电场能增大，电容元件从电源取用电能；当电压减小时，电场能减小，电容元件向电源放还能量。

(1) 电容元件为储能元件，本身不消耗能量。除了存储电荷，电容元件还可用于电路的旁路、去耦、滤波等。

(2) 电容元件串联和并联的公式与电阻元件相反。

串联时的电容关系为

$$\frac{1}{C} = \frac{1}{C_1} + \frac{1}{C_2} \tag{3.1.5}$$

并联时的电容关系为

$$C = C_1 + C_2 \tag{3.1.6}$$

(3) 电容单位为法拉(F)。常用的电容单位有毫法(mF)、微法(μF)、纳法(nF)和皮法(pF)等，换算关系是

$$1 \text{ F} = 1000 \text{ mF}, \quad 1 \text{ mF} = 1000 \ \mu\text{F}, \quad 1 \ \mu\text{F} = 1000 \text{ nF}, \quad 1 \text{ nF} = 1000 \text{ pF}$$

(4) 电容器类型众多，主要参数除了电容外，还有额定电压等。

常用的电阻器、电容器的标称值应符合表 3.1.1 所列数值，或再乘以 10^n 倍(n 为正整数或负整数)。

表 3.1.1　电阻器、电容器的标称系列值

1.0	1.1	1.2	1.3	1.5	1.6
1.8	2.0	2.2	2.4	2.7	3.0
3.3	3.6	3.9	4.3	4.7	5.1
5.6	6.2	6.8	7.5	8.2	9.1

常用的固定电阻器分为线绕电阻器和非线绕电阻器两类。线绕电阻器的额定功率有 0.05 W、0.125 W、0.25 W、0.5 W、1 W、2 W、4 W、8 W、10 W、16 W、25 W、40 W、50 W、75 W、100 W、150 W、250 W、500 W 等。非线绕电阻器的额定功率有 0.05 W、0.125 W、0.25 W、0.5 W、1 W、2 W、5 W、10 W、25 W、50 W、100 W 等。

电解质电容器的电容量范围一般为 1～5000 μF，直流工作电压有 6.3 V、10 V、16 V、

25 V、32 V、50 V、63 V、100 V、160 V、200 V、300 V、450 V、500 V 等。

3.1.3 电感元件

电感元件是存储磁场能的元件。如图 3.1.3 所示。u 和 i 的定义同上，电感的表达式为

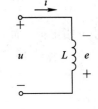

$$L = \frac{N\Phi}{i}$$

其中 N 指线圈匝数，Φ 指磁通。而电感元件产生的感应电动势为

图 3.1.3　电感元件

$$e = -N\frac{\mathrm{d}\Phi}{\mathrm{d}t}$$

则

$$e = -L\frac{\mathrm{d}i}{\mathrm{d}t}$$

由 KVL 可得

$$u = L\frac{\mathrm{d}i}{\mathrm{d}t} \tag{3.1.7}$$

直流激励下的电路达到稳态时，i 为常数，u 为 0，因此将电感元件视为短路。

由式(3.1.7)可得电感元件存储的磁场能为

$$W_L = \int_0^t ui\,\mathrm{d}t = \int_0^i Li\,\mathrm{d}i = \frac{1}{2}Li^2 \tag{3.1.8}$$

当电流增大时，磁场能增大，电感元件从电源取用电能；当电流减小时，磁场能减小，电感元件向电源放还能量。

(1) 电感元件也是储能元件，本身不消耗能量。电感元件在电路中还起到滤波、振荡、延迟、陷波等作用。

(2) 电感元件串联和并联的公式与电阻元件类似。

串联时电感关系为

$$L = L_1 + L_2 \tag{3.1.9}$$

并联时电感关系为

$$\frac{1}{L} = \frac{1}{L_1} + \frac{1}{L_2} \tag{3.1.10}$$

(3) 电感单位为亨利(H)。常用的电感单位有毫亨(mH)、微亨(μH)等。

(4) 电感器类型众多，主要参数除了电感外，还有额定电流等。

3.2　换路定则

换路指电路状态的改变，如电路接通、切断、短路、电压改变或参数改变等。当电路换路时，电路中的能量发生变化，因为

$$p = \frac{\mathrm{d}W}{\mathrm{d}t}$$

而功率不可能达到无穷大，所以能量不能突变。可见暂态过程是电路发生换路后，储

能元件的能量不能突变而导致的。

设 $t=0$ 表示换路瞬间,定为计时起点;$t=0_-$ 表示换路前的终了瞬间;$t=0_+$ 表示换路后的初始瞬间,对应初始值;$t=\infty$ 表示换路后达到稳定状态的时刻,对应稳态值。

由式(3.1.4)和式(3.1.8)可知,电容元件存储的能量与电压有关,电感元件存储的能量与电流有关,且电容电压 u_C 和电感电流 i_L 不能突变。

$t=0_-$ 到 $t=0_+$ 瞬间电容元件上的电压和电感元件上的电流不能突变,这就是换路定则。如式(3.2.1)所示。

$$\left.\begin{array}{l} u_C(0_+) = u_C(0_-) \\ i_L(0_+) = i_L(0_-) \end{array}\right\} \tag{3.2.1}$$

3.3　初始值和稳态值的求解

3.3.1　初始值的求解

初始值指电路中各 u、i 在 $t=0_+$ 时的数值。

1. $u_C(0_+)$、$i_L(0_+)$ 的求法

若 $t=0_-$ 的电路(即换路前的电路)储能元件没有储能,则 $u_C(0_-)=0$、$i_L(0_-)=0$。若换路前的电路已处于稳态,则将电容元件视为开路,电感元件视为短路,求出 $u_C(0_-)$、$i_L(0_-)$。

根据换路定则,可得 $u_C(0_+)$ 和 $i_L(0_+)$。

2. 其他初始值的求法

若 $u_C(0_+)=0$、$i_L(0_+)=0$,则在换路后 $t=0_+$ 的电路中,将电容元件视为短路,电感元件视为开路,进而计算其他初始值。

若 $u_C(0_+)\neq0$、$i_L(0_+)\neq0$,则在换路后 $t=0_+$ 的电路中,电容元件用理想电压源代替,其输出电压为 $u_C(0_+)$;电感元件用理想电流源代替,其输出电流为 $i_L(0_+)$。然后按照模块 2 的电路分析方法求解其他初始值。

换路后 u_C 和 i_L 之外的其他量是可以突变的,因此不适用换路定则。

3.3.2　稳态值的求解

稳态值指电路中各 u、i 在 $t=\infty$ 时的数值。

在 $t=0_+$ 的电路(即换路后的电路)基础上,将电容元件视为开路,电感元件视为短路,进而应用模块 2 的电路分析方法求解电压和电流的稳态值。

【例 3.3.1】　电路如图 3.3.1 所示,开关 S 闭合前电容元件和电感元件均未储能。试求电路中标注的电压、电流的初始值和稳态值。

解　(1)由换路前电路求 $u_C(0_-)$、$i_L(0_-)$。

已知

$$u_C(0_-)=0, \quad i_L(0_-)=0$$

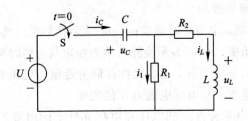

图 3.3.1　例 3.3.1 的电路

根据换路定则

$$u_C(0_+) = u_C(0_-) = 0, \quad i_L(0_+) = i_L(0_-) = 0$$

（2）由 $t=0_+$ 电路，求其余各电压、电流的初始值。

$u_C(0_+)=0$，换路后的初始瞬间，电容元件视为短路。

$i_L(0_+)=0$，换路后的初始瞬间，电感元件视为开路。

电路如图 3.3.2 所示。

可得

$$i_C(0_+) = i_1(0_+) = \frac{U}{R_1}$$

$$u_L(0_+) = U$$

（3）$t=\infty$ 时，将电容元件视为开路，电感元件视为短路，如图 3.3.3 所示。

则

$$i_C(\infty) = i_1(\infty) = i_L(\infty) = 0$$

$$u_L(\infty) = 0$$

$$u_C(\infty) = U$$

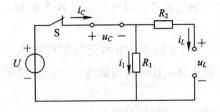

图 3.3.2　$t=0_+$ 的电路

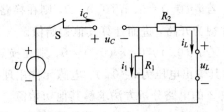

图 3.3.3　$t=\infty$ 的电路

【例 3.3.2】　电路如图 3.3.4 所示，换路前已处于稳态。$U=8$ V，$R=2$ Ω，$R_1=R_2=R_3=4$ Ω，试求电路中已标注的电压、电流的初始值和稳态值。

解　（1）换路前电路已处于稳态，电容元件视为开路，电感元件视为短路，$t=0_-$ 时电路如图 3.3.5 所示。

可得

$$i_L(0_-) = \frac{R_1}{R_1+R_3} \times \frac{U}{R + \frac{R_1 R_3}{R_1+R_3}} = 1 \text{ A}$$

$$u_C(0_-) = R_3 i_L(0_-) = 4 \text{ V}$$

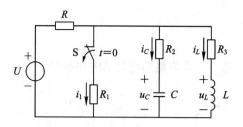

图 3.3.4　例 3.3.2 的电路

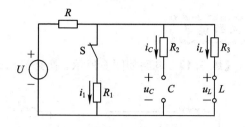

图 3.3.5　$t=0_-$ 的电路

由换路定则

$$i_L(0_+)=i_L(0_-)=1\text{ A}$$

$$u_C(0_+)=u_C(0_-)=4\text{ V}$$

（2）$t=0_+$ 时电路如图 3.3.6 所示。

显然

$$i_1(0_+)=0$$

根据基尔霍夫定律可得

$$U=Ri(0_+)+R_2\,i_C(0_+)+u_C(0_+)$$

$$i(0_+)=i_C(0_+)+i_L(0_+)$$

即

$$i_C(0_+)=\frac{1}{3}\text{ A}$$

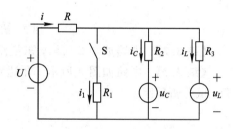

图 3.3.6　$t=0_+$ 的电路

$$u_L(0_+)=R_2\,i_C(0_+)+u_C(0_+)-R_3\,i_L(0_+)=\frac{4}{3}\text{ V}$$

（3）$t=\infty$ 时电路如图 3.3.7 所示。

即

$$i_1(\infty)=i_C(\infty)=0$$

$$i_L(\infty)=\frac{U}{R+R_3}=\frac{4}{3}\text{ A}$$

$$u_L(\infty)=0$$

$$u_C(\infty)=\frac{R_3}{R+R_3}\times U=\frac{16}{3}\text{ V}$$

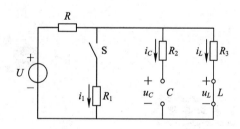

图 3.3.7　$t=\infty$ 的电路

专题探讨

【**专 3.1**】　电路如图 1 所示，换路后电容元件的初始值 $u_C(0_+)=0$，稳态值 $u_C(\infty)=5$ V。尝试分析暂态过程，即 $u_C(t)$ 变化过程。

第 5 课

图 1　专 3.1 的电路

三题练习

【练 3.1】 电路如图 2 所示，换路前已处于稳态，求换路后电流 i 的初始值。

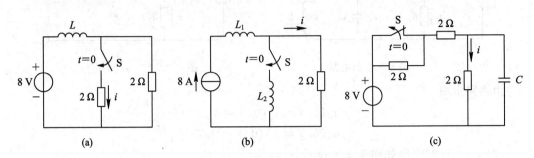

图 2　练 3.1 和练 3.2 的电路

【练 3.2】 电路如图 2 所示，求换路后电流 i 的稳态值。

【练 3.3】 电路如图 3 所示，在达到稳定状态后移动 R_1 上的滑动触点将产生暂态过程。试分析原因。

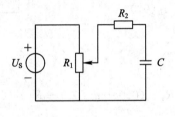

图 3　练 3.3 的电路

第 6 课

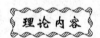

导学导课

第 5 课已经学习了初始值和稳态值的求解，即暂态过程的"首"和"尾"已获知，那么暂态过程究竟如何变化，需要多长时间？本次课主要对仅含有一个储能元件的 RC 电路和 RL 电路进行暂态分析，讨论暂态过程中电压和电流随时间的变化规律及影响暂态过程快慢的时间常数。最后重点学习求解暂态过程的三要素法。

理论内容

3.4　RC 电路的响应

3.4.1　RC 电路的零输入响应

所谓零输入，指换路后的输入为零。即无电源激励，仅由电容元件的初始储能所产生的电路响应，称为 RC 电路的零输入响应。它实际上研究 RC 电路的放电过程。

如图 3.4.1 所示，换路前电路处于稳态，$u_C(0_-)=$ U。根据换路定则，换路后(开关由 1 到 2)$u_C(0_+)=U$，电容元件经电阻元件开始放电。达到稳态后，即放电完毕，$u_C(\infty)=0$。因此讨论的是 $u_C(t)$ 从 U 衰减到 0 的变化规律。

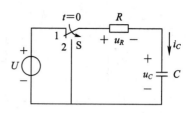

图 3.4.1 RC 电路的零输入响应

由换路后的电路构建方程

$$\left.\begin{array}{r} u_R + u_C = 0 \\ u_R = i_C R \\ i_C = C\dfrac{\mathrm{d}u_C}{\mathrm{d}t} \end{array}\right\}$$

可得

$$RC\frac{\mathrm{d}u_C}{\mathrm{d}t} + u_C = 0 \qquad\qquad (3.4.1)$$

式(3.4.1)为一阶微分方程，求解可得

$$u_C(t) = Ue^{-\frac{t}{RC}} = u_C(0_+)e^{-\frac{t}{\tau}} \quad (t \geqslant 0) \qquad\qquad (3.4.2)$$

其随时间变化的曲线如图 3.4.2 所示，u_C 从初始值 U 开始按指数规律衰减并趋于 0。

式(3.4.2)中

$$\tau = RC$$

称为时间常数，具有时间的量纲，单位为秒(s)，决定电路暂态过程的快慢。τ 越大，则达到稳定状态的时间就越长，改变 R 或 C 的数值均可改变暂态过程的时间。

理论上讲，指数衰减曲线只会无限逼近零。结合指数衰减的规律，经过分析一般认为 $3\tau\sim5\tau$ 的时间，电路达到稳定状态。

放电电流

$$i_C(t) = C\frac{\mathrm{d}u_C}{\mathrm{d}t} = -\frac{U}{R}e^{-\frac{t}{\tau}} \qquad (3.4.3)$$

其随时间变化的曲线同样绘制于图 3.4.2 中。负号表示其放电实际方向和图 3.4.1 参考方向相反。

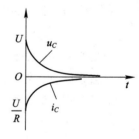

3.4.2 RC 电路的零状态响应

所谓零状态，指换路后的初始状态为零。即电容元件的初始能量为零，仅由电源激励所产生的电路的响应，称为 RC 电路的零状态响应。它实际上研究 RC 电路的充电过程。

图 3.4.2 u_C、i_C 变化曲线

如图 3.4.3 所示，电路换路前电容元件未储能，$u_C(0_-)=0$。根据换路定则，换路后(合上开关)$u_C(0_+)=0$，电源对电容元件开始充电。达到稳态后，即充电完毕，$u_C(\infty)=$ U，因此讨论的是 $u_C(t)$ 从 0 增长到 U 的变化规律。

图 3.4.3 中仅包含一个电容元件，参照 3.4.1 节所讲，容易想到 RC 电路的零状态响应方程同样为一阶微分方程，其充电过程也会呈现指数变化规律，因此 u_C 随时间变化的曲线如图 3.4.4 所示。

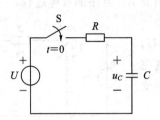

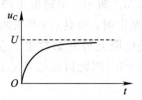

图 3.4.3　RC 电路的零状态响应　　　　　　　　图 3.4.4　u_C 变化曲线

对比图 3.4.2 的放电曲线和图 3.4.4 的充电曲线，容易看出：放电曲线沿着横轴对称，再沿着纵轴向上移动"U"可得到充电曲线，所以

$$u_C(t) = -U \mathrm{e}^{-\frac{t}{RC}} + U = U(1 - \mathrm{e}^{-\frac{t}{RC}}) = U(1 - \mathrm{e}^{-\frac{t}{\tau}}) \quad (t \geqslant 0) \qquad (3.4.4)$$

时间常数 $\tau = RC$。同样需要 $3\tau \sim 5\tau$ 的时间，电路达到稳定状态，即充电完毕。

3.4.3　RC 电路的全响应

RC 电路的全响应指电源激励、电容元件的初始能量均不为零时电路的响应。全响应分析可以应用叠加原理。

如图 3.4.3 所示，假设换路前电容元件存储能量且 $u_C = U_0$。在 $t = 0$ 时，合上开关。

电容元件初始能量 U_0 单独作用时，电路如图 3.4.5 所示，显然为 RC 电路的零输入响应。即

$$u_C'(t) = U_0 \mathrm{e}^{-\frac{t}{\tau}}$$

电源 U 单独作用时，电路如图 3.4.6 所示，显然为 RC 电路的零状态响应。即

$$u_C''(t) = U(1 - \mathrm{e}^{-\frac{t}{\tau}})$$

根据叠加原理，全响应是零输入响应和零状态响应的叠加，则

$$u_C(t) = U_0 \mathrm{e}^{-\frac{t}{\tau}} + U(1 - \mathrm{e}^{-\frac{t}{\tau}}) = U + (U_0 - U)\mathrm{e}^{-\frac{t}{\tau}} \quad (t \geqslant 0) \qquad (3.4.5)$$

式(3.4.5)中，U 为稳态分量，其余部分为暂态分量。暂态分量会随着时间变化衰减为 0，而稳态分量会一直保持不变。全响应描述的是电容电压从 U_0 到 U 的变化过程，其中 U_0 为初始值，而 U 为稳态值。

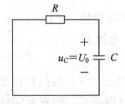

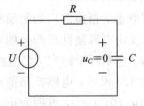

图 3.4.5　电容元件初始能量单独作用　　　　　图 3.4.6　电源单独作用

3.5 *RL* 电路的响应

3.5.1 *RL* 电路的零输入响应

RL 电路零输入响应定义类同 3.4 节。

如图 3.5.1 所示，换路前电路处于稳态，$i_L(0_-) = \dfrac{U_0}{R}$，根据换路定则，换路后（开关由 1 到 2）$i_L(0_+) = \dfrac{U_0}{R}$，磁场能开始转化为电能。达到稳态后，能量被电阻消耗完，$i_L(\infty) = 0$。因此讨论的是 $i_L(t)$ 从 $\dfrac{U_0}{R}$ 衰减到 0 的变化规律。

参照图 3.4.2，i_L 变化曲线如图 3.5.2 所示。

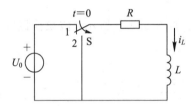
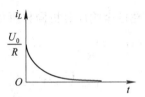

图 3.5.1　*RL* 电路的零输入响应　　　　　　图 3.5.2　i_L 变化曲线

参照式（3.4.2），结合微分方程求解，可得

$$i_L = \frac{U_0}{R}\mathrm{e}^{-\frac{R}{L}t} = \frac{U_0}{R}\mathrm{e}^{-\frac{t}{\tau}} \tag{3.5.1}$$

电路的时间常数

$$\tau = \frac{L}{R} \tag{3.5.2}$$

同样需要 $3\tau \sim 5\tau$ 的时间，电路达到稳定状态。

线圈的电路模型常用 *RL* 串联电路表示。在图 3.5.1 中，若开关 S 从 1 断开未迅速合到 2，在这一瞬间，电流变化率 $\dfrac{\mathrm{d}i}{\mathrm{d}t}$ 很大，会导致自感电动势 $\left(e_L = -L\dfrac{\mathrm{d}i}{\mathrm{d}t}\right)$ 很大，进而可能导致开关两触点之间的空气被击穿而形成电弧延缓电流中断，有可能使开关烧毁，因此往往将线圈从电源断开的同时使线圈短路，以便电流逐步减小。

3.5.2 *RL* 电路的零状态响应

RL 电路零状态响应定义类同 3.4 节。

如图 3.5.3 所示，换路前电感元件未储能，$i_L(0_-) = 0$，根据换路定则，换路后（开关合上）$i_L(0_+) = 0$，电能开始转化为磁场能。达到稳态后，$i_L(\infty) = \dfrac{U}{R}$。因此讨论的是 $i_L(t)$ 从 0 增长到 $\dfrac{U}{R}$ 的变化规律。

参照图 3.4.4，i_L 的变化曲线如图 3.5.4 所示。则有

$$i_L = \frac{U}{R}(1 - e^{-\frac{t}{\tau}})\qquad(3.5.3)$$

τ 的计算同式(3.5.2)。同样需要 $3\tau \sim 5\tau$ 的时间，电路达到稳定状态。

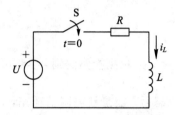
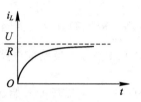

图 3.5.3 RL 电路的零状态响应　　　　图 3.5.4 i_L 变化曲线

3.5.3 RL 电路的全响应

RL 电路的全响应分析同样可以应用叠加原理。如图 3.5.3 所示，假设换路前电感元件存储能量且 $i_L = \frac{U_0}{R}$。在 $t = 0$ 时，合上开关，则

$$i_L(t) = \frac{U_0}{R}e^{-\frac{t}{\tau}} + \frac{U}{R}(1 - e^{-\frac{t}{\tau}}) = \frac{U}{R} + \left(\frac{U_0}{R} - \frac{U}{R}\right)e^{-\frac{t}{\tau}} \quad (t \geqslant 0)\qquad(3.5.4)$$

式中，$\frac{U}{R}$ 为稳态分量，其余部分为暂态分量。同样，暂态分量会随着时间变化衰减为 0，而稳态分量会一直保持不变。全响应描述的是电感电流从 $\frac{U_0}{R}$ 到 $\frac{U}{R}$ 的变化过程，其中 $\frac{U_0}{R}$ 为初始值，而 $\frac{U}{R}$ 为稳态值。

3.6　一阶线性电路暂态分析的三要素法

仅含一个储能元件或可等效为一个储能元件的线性电路，可由一阶微分方程描述，称为一阶线性电路。3.4 节和 3.5 节中的 RC 和 RL 电路均属于一阶线性电路。

3.4 节中一阶 RC 电路的全响应公式为

$$u_C(t) = U + (U_0 - U)e^{-\frac{t}{\tau}} \quad (t \geqslant 0)$$

式中，$u_C(t)$ 表示所求电压，U 表示稳态值，U_0 表示初始值，τ 表示时间常数。

类比考虑，可得直流电源激励下一阶线性电路求解的一般公式为

$$f(t) = f(\infty) + [f(0_+) - f(\infty)]e^{-\frac{t}{\tau}}\qquad(3.6.1)$$

其中 $f(t)$ 代表电路中任一电压、电流。初始值 $f(0_+)$、稳态值 $f(\infty)$、时间常数 τ 称为三要素。

对于一阶 RC 电路：$\tau = R_0 C$。

对于一阶 RL 电路：$\tau = \dfrac{L}{R_0}$。

电路换路后，去除储能元件并除源形成无源二端网络，进而得到的等效电阻即为 R_0。与戴维南定理求解等效电源内阻的方法类似，戴维南定理是去除"待求支路"，而三要素法是去除"储能元件"。

【**例 3.6.1**】 电路如图 3.6.1 所示，$t=0$ 时合上开关 S，换路前电路已处于稳态。$I_S=8$ mA，$R_1=R_2=2$ kΩ，$C=2$ μF，试求电容电压 $u_C(t)$。

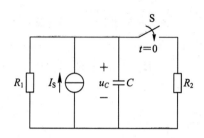

图 3.6.1 例 3.6.1 的电路

解 （1）换路前，电路达到稳态后如图 3.6.2 所示。则

$$u_C(0_-) = R_1 I_S = 16 \text{ V}$$

由换路定则

$$u_C(0_+) = u_C(0_-) = 16 \text{ V}$$

（2）换路后，电路达到稳态如图 3.6.3 所示。则

$$u_C(\infty) = (R_1 /\!/ R_2) I_S = 8 \text{ V}$$

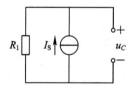

图 3.6.2 $t=0_-$ 的电路

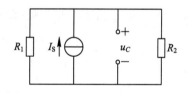

图 3.6.3 $t=\infty$ 的电路

（3）求解 R_0 的电路如图 3.6.4 所示。即

$$R_0 = R_1 /\!/ R_2 = 1 \times 10^3 \ \Omega$$

则

$$\tau = R_0 C = 2 \times 10^{-3} \text{ s}$$

（4）根据三要素法，有

$$u_C(t) = u_C(\infty) + [u_C(0_+) - u_C(\infty)] \mathrm{e}^{-\frac{t}{\tau}} = 8 + 8\mathrm{e}^{-500t} \text{ V}$$

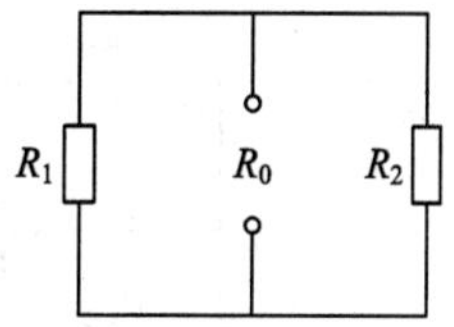

图 3.6.4 求解 R_0 的电路

【**例 3.6.2**】 电路如图 3.6.5 所示，已知 S 在 $t=0$ 时闭合，换路前电路处于稳态。$I_S=3$ A，$R_1=R_2=2$ Ω，$R_3=1$ Ω，$L=1$ H，求电感电流 $i_L(t)$ 和电压 $u_L(t)$。

解 （1）换路前，电路达到稳态后如图 3.6.6 所示。则有

$$i_L(0_-) = \frac{R_2}{R_2 + R_3} \times I_S = 2 \text{ A}$$

根据换路定则，有

$$i_L(0_+) = i_L(0_-) = 2 \text{ A}$$

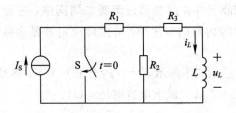

图 3.6.5　例 3.6.2 的电路

换路后电路如图 3.6.7 所示，则

$$u_L(0_+) = -(R_1 \mathbin{/\mkern-5mu/} R_2 + R_3)i_L(0_+) = -4 \text{ V}$$

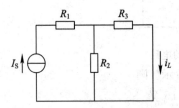

图 3.6.6　$t=0_-$ 的电路

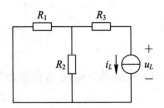

图 3.6.7　$t=0_+$ 的电路

（2）换路后，电路达到稳态如图 3.6.8 所示。则

$$i_L(\infty) = 0$$

$$u_L(\infty) = 0$$

（3）求解 R_0 电路如图 3.6.9 所示。则

$$R_0 = R_1 \mathbin{/\mkern-5mu/} R_2 + R_3 = 2 \text{ } \Omega$$

即

$$\tau = \frac{L}{R_0} = 0.5 \text{ s}$$

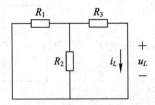

图 3.6.8　$t=\infty$ 的电路

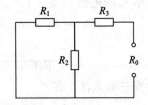

图 3.6.9　求解 R_0 的电路

（4）根据三要素法，有

$$i_L(t) = i_L(\infty) + [i_L(0_+) - i_L(\infty)]e^{-\frac{t}{\tau}} = 2e^{-2t} \text{ A}$$

$$u_L(t) = u_L(\infty) + [u_L(0_+) - u_L(\infty)]e^{-\frac{t}{\tau}} = -4e^{-2t} \text{ V}$$

u_L 也可以采用式（3.1.7）求解。需要强调的是，一次换路后的电路如果不再进行二次换路，则计算电路所有电压和电流时，时间常数不变且保持一致。

§专题探讨

第 6 课

【专 3.2】　矩形脉冲(如图 1 所示)激励下的 RC 电路，若选取不同的电路结构和时间常数可构成输出电压波形与输入电压波形之间的特定关系。试从充放电的角度简单分析(1)和(2)两种条件下的电路会输出什么样的波形，其中 t_p 称为脉冲宽度。

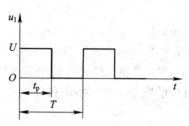

图 1　专 3.2 的矩形脉冲

(1) 如图 2 所示，$\tau = RC \ll t_p$，输出电压从电阻 R 端输出。

(2) 如图 3 所示，$\tau = RC \gg t_p$，输出电压从电容 C 端输出。

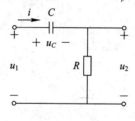　　　　　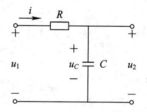

图 2　专 3.2(1)的电路　　　　　图 3　专 3.2(2)的电路

§三题练习

【练 3.4】　图 4 所示电路原已稳定，$E = 12$ V，$R_1 = R_2 = 6$ Ω，$R_3 = 5$ Ω，$C = 0.2$ μF，$t = 0$ 时开关 S 闭合，试用三要素法求 $t \geqslant 0$ 时的 $u_C(t)$。

【练 3.5】　图 5 所示电路原已稳定，$E_1 = 12$ V，$E_2 = 10$ V，$R_1 = R_2 = R_3 = 2$ Ω，$L = 1$ H，试用三要素法求 $t \geqslant 0$ 时的 $i(t)$ 和 $i_L(t)$。

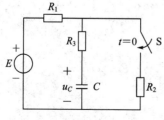　　　　　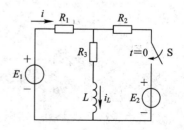

图 4　练 3.4 的电路　　　　　图 5　练 3.5 的电路

【练 3.6】　图 6 所示电路原已稳定，$R_1 = 6$ Ω，$R_2 = 3$ Ω，$C = 0.25$ F，$I_s = 1$ A，$t = 0$ 时开关 S 闭合，试用三要素法求 $t \geqslant 0$ 时的 $i(t)$。

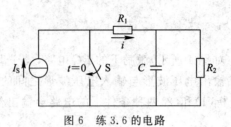

图 6　练 3.6 的电路

项目应用

　　当开关断开后，某人工智能核心控制系统中的发热元件需要延时加热 200 ms，初步设计电路如图 7 所示，已知 $U=50$ V，发热元件可等效为 200 Ω 的电阻器，额定功率为 8 W。根据已有条件：(1) 确定 R 和 C 的数值；(2) 对 R 和 C 选型。

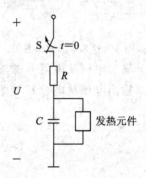

图 7　项目应用的电路

含电阻、电容、电感元件的交流电路分析

　　正弦交流电简称交流电，是目前供电和用电的主要形式。比如交流发电机所产生的电动势和正弦信号发生器输出的信号电压，都是随时间按照正弦规律变化的。而正弦交流电之所以应用广泛，是因为：正弦交流电容易产生；通过变压器可以简单又经济地将正弦电压升高或降低；正弦交流电用复数表示后便于运算；正弦量变化平滑，一般不会引起过电压而破坏电气设备等。本模块主要对含有电阻、电容、电感元件的正弦交流电路进行分析。

能力要素

　　(1) 掌握相量表示法，能够应用相量对正弦交流电进行计算。
　　(2) 掌握单一参数交流电路的相关概念，能够对电阻、电容和电感元件的串联电路进行分析。
　　(3) 能够对简单的阻抗串联与并联交流电路进行分析。
　　(4) 掌握有功功率、无功功率、视在功率等概念，能够对功率因数进行调整。

知识结构

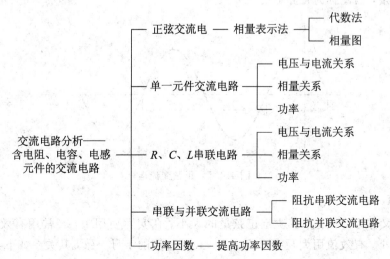

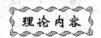

（1）搭建例 4.4.1 和专 4.3 的电路，自行选择元器件并计算理论值，通过仪表测量实际值进行验证。

（2）完成本模块的项目应用。

第 7 课

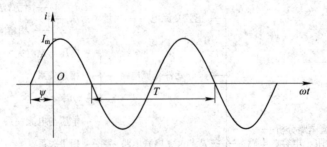

大小和方向不随时间变化的电压、电流、电动势统称为直流电。前 3 个模块主要对直流电源激励下的电路进行了分析。而大小和方向随时间按正弦规律作周期性变化的电压、电流和电动势统称为正弦交流电，那么正弦交流电激励下的电路如何进行运算？在电阻、电容和电感元件中又会产生什么样的效果？本次课主要学习正弦交流电的表示方法和运算方法，并对单一参数元件的交流电路进行讨论。

4.1 正弦交流电

正弦电压和电流等物理量统称为正弦量。正弦量在任一瞬间的值称为瞬时值，用小写字母表示。以电流为例，波形如图 4.1.1 所示，其数学表达如式（4.1.1）所示。

$$i = I_m \sin(\omega t + \psi) \tag{4.1.1}$$

式中，i 即为瞬时值，I_m 称为幅值，ω 称为角频率，ψ 称为初相位。幅值、角频率和初相位可以确定正弦量，因此称为正弦量的三要素。

图 4.1.1　正弦交流电

1. 幅值

幅值，又称为最大值，其决定正弦量的大小。在实际使用中，经常用有效值表示正弦交流量的大小。有效值用大写字母表示，和表示直流的字母一致，其关系如下：

$$I = \frac{I_m}{\sqrt{2}} = 0.707\, I_m \tag{4.1.2}$$

电压、电动势的最大值和有效值同样是 $\sqrt{2}$ 的关系。一般所说的交流电压和电流的大小，都是指有效值。我国民用电压一般为 220 V，其最大值约为 310 V。而美国部分地区民用电压为 110 V，其最大值约为 156 V。

一般交流电压表、电流表测量的电压、电流均为有效值，交流设备铭牌标注的电压、电流也均为有效值。

2. 角频率

周期指正弦交流电变化一周所需的时间，用 T 表示。频率指正弦交流电每秒变化的周期数，用 f 表示，单位为 Hz。

$$f = \frac{1}{T} \tag{4.1.3}$$

正弦量变化的快慢除用周期和频率表示外，还可以用角频率 ω 表示。正弦交流电一个周期内经历了 2π 弧度，因此

$$\omega = \frac{2\pi}{T} = 2\pi f (\text{rad/s}) \tag{4.1.4}$$

交流电频率有高有低，世界各地不尽相同。我国采用 50 Hz 作为电力标准频率，称为工频，而美国和日本则采用 60 Hz。各种技术领域使用各种不同的频率，无线通信使用的频率甚至高达 300 GHz（1 GHz $= 10^9$ Hz）。

3. 相位

$\omega t + \psi$ 称为相位，又称为相角。而初相位 ψ 表示正弦量在 $t = 0$ 时的相角，给出了观察正弦波的起点或参考点，又称为初相角，则

$$\psi = (\omega t + \psi)|_{t=0} \tag{4.1.5}$$

任意两个同频率的正弦量之间的相位关系可用相位差 φ 表示，显然，相位差就是初相位之差。

设

$$u = U_m \sin(\omega t + \psi_u), \quad i = I_m \sin(\omega t + \psi_i)$$

则

$$\varphi = (\omega t + \psi_u) - (\omega t + \psi_i) = \psi_u - \psi_i$$

相位关系如表 4.1.1 所示。

表 4.1.1　相位关系

$\varphi = \psi_u - \psi_i$	电压超前电流 φ，或电流滞后电压 φ
$\varphi = \psi_u - \psi_i = 0°$	电压与电流同相
$\varphi = \psi_u - \psi_i = \pm 90°$	电压与电流正交
$\varphi = \psi_u - \psi_i = \pm 180°$	电压与电流反相

4.2　正弦量的相量表示法

图 4.1.1 的波形图和式(4.1.1)的瞬时表达式是正弦量的两种表示方式，但计算都不方便。如求和时，三角函数运算较为麻烦，而波形图也难以叠加，因此需要寻找更为简单的表示和计算方法。

对于正弦交流电路而言，一般情况下正弦激励和响应均为同频率的正弦量，因此在正弦量的三要素中只需要考虑幅值(或有效值)和初相角即可，而复数恰好可由表征长度的模和表征角度的辐角确定，这与正弦量的表示方法相符。正弦量与复数的对比如表 4.2.1 所示。

表 4.2.1　正弦量与复数

同频率正弦量	复数
幅值/有效值	模
初相角	辐角

因此，可以用复数表示同频率的正弦量，称为相量。由于复数计算较为便捷，因此相量表示法是常用的方法。

复数 A，模为 r，辐角为 ψ，如图 4.2.1 所示。

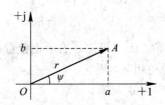

图 4.2.1　复数

复数的四种表达如表 4.2.2 所示。

表 4.2.2　复数的四种表达

复 数		复数的模	复数的辐角
代数式	$A=a+jb,\ a=r\cos\psi,\ b=r\sin\psi$	$r=\sqrt{a^2+b^2}$	$\psi=\arctan\dfrac{b}{a}$
三角函数式	$A=r(\cos\psi+j\sin\psi)$		
指数式	$A=re^{j\psi}$		
极坐标式	$A=r\angle\psi$		

设

$$u = U_{\mathrm{m}}\sin(\omega t + \psi)$$

在大写字母上加点表示相量，其中相量的模表示正弦量的有效值或最大值，相量辐角表示正弦量的初相角。用有效值相量表示如下：

$$\dot{U} = Ue^{j\psi} = U\angle\psi \tag{4.2.1}$$

还可以用最大值相量表示：

$$\dot{U}_{\mathrm{m}} = U_{\mathrm{m}}\mathrm{e}^{\mathrm{j}\psi} = U_{\mathrm{m}}\angle\psi \tag{4.2.2}$$

如 $u = 220\sin(\omega t + 45°)\mathrm{V}$，可表示为

$$\dot{U} = \frac{220}{\sqrt{2}}\mathrm{e}^{\mathrm{j}45°} = \frac{220}{\sqrt{2}}\angle 45°\ \mathrm{V}\quad 或\quad \dot{U}_{\mathrm{m}} = 220\mathrm{e}^{\mathrm{j}45°} = 220\angle 45°\ \mathrm{V}$$

以上正弦量用相量表示时，仅用了指数式和极坐标式，读者可自行用代数式和三角函数式表示。

需要注意的是，相量只是用来表示正弦量的，但不等于正弦量。因此正弦量的计算方法为：将同频率的正弦量用相量表示，使用复数运算法则计算完毕后再恢复为正弦量。

相量计算时，"加减"用代数式，"除"用指数式或极坐标式。

此处，还需注意两点：

(1) 相量为复数，可将其绘制在复平面内，称为相量图。在计算的时候，同频率的正弦量才可以绘制在同一相量图上。

(2) 任意一个相量乘以 $\pm\mathrm{j}$，相当于在相量图上逆/顺时针旋转 $90°$。因为

$$\mathrm{e}^{\pm\mathrm{j}90°} = \cos 90° \pm \mathrm{j}\sin 90° = \pm\mathrm{j} = \angle\pm 90°$$

【例 4.2.1】 $i_1 = 3\sqrt{2}\sin(314t + 30°)\mathrm{A}$，$i_2 = 3\sqrt{2}\sin(314t - 60°)\mathrm{A}$，求 $i = i_1 + i_2$。

解　用有效值相量表示：

$$\dot{I}_1 = 3\angle 30°\ \mathrm{A},\quad \dot{I}_2 = 3\angle -60°\ \mathrm{A}$$

(1) 采用代数法求解。

$$\begin{aligned}
\dot{I} &= \dot{I}_1 + \dot{I}_2 = 3\angle 30° + 3\angle -60° \\
&= 3(\cos 30° + \mathrm{j}\sin 30°) + 3(\cos 60° - \mathrm{j}\sin 60°) \\
&= 3\sqrt{2}\angle -15°\ \mathrm{A}
\end{aligned}$$

则

$$i = 6\sin(314t - 15°)\ \mathrm{A}$$

(2) 采用相量图求解，如图 4.2.2 所示。

因 $\dot{I}_1$ 和 $\dot{I}_2$ 相位相差 $90°$，且大小相等，则

$$I = \sqrt{3^2 + 3^2} = 3\sqrt{2}\ \mathrm{A}$$

$$\psi = 45° - 60° = -15°$$

同样可得(1)中结果。

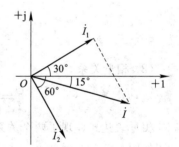

图 4.2.2　相量图

4.3　单一参数元件的交流电路

分析正弦交流电路时，首先需要掌握单一参数（电阻、电容、电感）元件的电压和电流关系与功率求解方法，因为其他电路无非也是单一参数元件的组合。

设电压的一般表达式为

$$u = \sqrt{2}U\sin(\omega t + \psi_u) \tag{4.3.1}$$

设电流的一般表达式为

$$i = \sqrt{2}I\sin(\omega t + \psi_i) \tag{4.3.2}$$

用有效值相量分别表示

$$\dot{U} = U \angle \psi_u, \quad \dot{I} = I \angle \psi_i$$

4.3.1　电阻元件的交流电路

电阻元件交流电路如图 4.3.1 所示。因为 u 和 i 为正弦量，其方向会变化，所以图示方向均为参考方向。

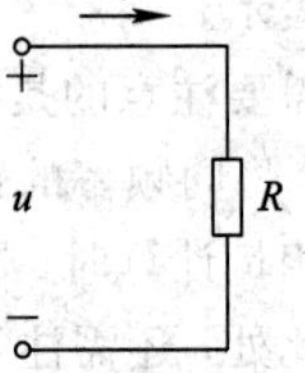

$$u = Ri \tag{4.3.3}$$

可得

$$i = \frac{u}{R} = \frac{\sqrt{2}U\sin(\omega t + \psi_u)}{R} = \frac{\sqrt{2}U}{R}\sin(\omega t + \psi_u) \tag{4.3.4}$$

将式(4.3.4)和式(4.3.2)进行对比，可得如下结论：

(1) 电压与电流的关系。

① 频率相同。

② 相位相同。

$$\psi_u = \psi_i \tag{4.3.5}$$

③ 大小关系。

$$\frac{\sqrt{2}U}{R} = \sqrt{2}I$$

可得

$$\frac{U}{I} = R \tag{4.3.6}$$

(2) 相量关系。

$$\frac{\dot{U}}{\dot{I}} = \frac{U \angle \psi_u}{I \angle \psi_i} = R \tag{4.3.7}$$

图 4.3.1　电阻元件交流电路

相量表达式体现了两个关系：大小关系和相位关系。相量图如图 4.3.2 所示。

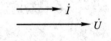

图 4.3.2　u 与 i 相量关系

(3) 功率。

为便于分析，设

$$u = \sqrt{2}U\sin\omega t, \quad i = \sqrt{2}I\sin\omega t$$

则瞬时功率

$$p = ui = 2UI\sin^2\omega t = UI(1 - \cos 2\omega t)$$

如图 4.3.3 所示，$p = ui \geqslant 0$，表示外电路从电源取用能量。这与电阻元件是耗能元件的相关结论相符。

瞬时功率在一个周期内的平均值，称为平均功率，又称为有功功率，用"P"表示，常用单位为瓦(W)、千瓦(kW)等。在电阻元件电路中，有功功率为

$$P = \frac{1}{T}\int_0^T p\,\mathrm{d}t = UI = \frac{U^2}{R} = I^2R \tag{4.3.8}$$

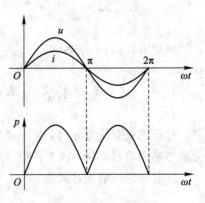

图 4.3.3　瞬时功率

4.3.2　电容元件的交流电路

电容元件交流电路如图 4.3.4 所示。

由模块 3 可知

$$i = C\frac{\mathrm{d}u}{\mathrm{d}t} \tag{4.3.9}$$

可得

$$\begin{aligned} i &= C\frac{\mathrm{d}u}{\mathrm{d}t} = \omega C\sqrt{2}U\cos(\omega t + \psi_u) \\ &= \omega C\sqrt{2}U\sin(\omega t + \psi_u + 90°) \end{aligned} \tag{4.3.10}$$

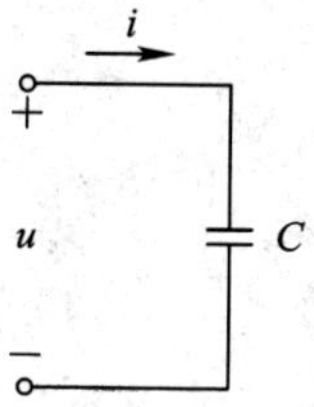

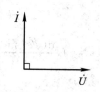

图 4.3.4　电容元件交流电路

将式(4.3.10)和式(4.3.2)进行对比，可得如下结论：

(1) 电压与电流关系。

① 频率相同。

② 相位关系。

$$\omega t + \psi_u + 90° = \omega t + \psi_i$$

可得

$$\psi_i - \psi_u = 90° \tag{4.3.11}$$

即电流超前电压 90°。

③ 大小关系。

$$\sqrt{2}I = \omega C\sqrt{2}U$$

可得

$$\frac{U}{I} = \frac{1}{\omega C} = \frac{1}{2\pi fC} = X_C \tag{4.3.12}$$

X_C称为容抗，体现电容的阻碍作用，单位为欧姆。直流时，$f = 0$，X_C趋于无穷大，电容 C 视为开路，所以电容元件具有"通高频""阻低频"的特性。

(2) 相量关系。

$$\frac{\dot{U}}{\dot{I}} = \frac{U\angle\psi_u}{I\angle\psi_i} = \frac{U}{I}\angle -90° = -\mathrm{j}\frac{1}{\omega C} = -\mathrm{j}X_C \tag{4.3.13}$$

相量图如图 4.3.5 所示，需要注意的是$-\mathrm{j}X_C$是复数，但不是相量。

图 4.3.5　u 与 i 相量关系

(3) 功率。

为便于分析，设

$$u = \sqrt{2}U\sin\omega t, \quad i = \sqrt{2}I\sin(\omega t + 90°)$$

则瞬时功率

$$p = ui = UI\sin 2\omega t$$

如图 4.3.6 所示，瞬时功率 p 是一个正弦量。电容元件只和电源进行能量交换，即重复进行充电—放电，并不消耗能量，所以其有功功率为 0。这与电容元件是储能元件，而非耗能元件的相关结论是相符的。

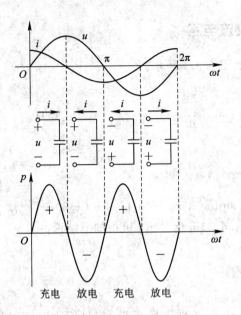

图 4.3.6　瞬时功率

能量交换的规模用无功功率 Q_C 表示，用瞬时功率达到的最大值表征，常用单位为乏（var）、千乏（kvar）等。

$$Q_C = UI = X_C I^2 = \frac{U^2}{X_C} \tag{4.3.14}$$

4.3.3　电感元件的交流电路

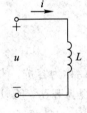

电感元件交流电路如图 4.3.7 所示。

由模块 3 可知

$$u = L \frac{\mathrm{d}i}{\mathrm{d}t} \tag{4.3.15}$$

图 4.3.7　电感元件交流电路

可得

$$u = L \frac{\mathrm{d}(\sqrt{2}I\sin(\omega t + \psi_i))}{\mathrm{d}t} = \omega L \sqrt{2} I\cos(\omega t + \psi_i) = \omega L \sqrt{2} I\sin(\omega t + \psi_i + 90°) \tag{4.3.16}$$

将式（4.3.16）和式（4.3.1）进行对比，可得如下结论：

(1) 电压与电流关系。

① 频率相同。

② 相位关系。

$$\omega t + \psi_i + 90° = \omega t + \psi_u$$

可得

$$\psi_u - \psi_i = 90° \tag{4.3.17}$$

即电压超前电流 $90°$。

③ 大小关系。

$$\sqrt{2}U = \sqrt{2}I\omega L$$

可得

$$\frac{U}{I} = \omega L = 2\pi f L = X_L \qquad (4.3.18)$$

X_L 称为感抗，体现电感的阻碍作用，单位为欧姆。直流时，$f = 0$，$X_L = 0$，电感 L 视为短路，所以电感元件具有"通低频""阻高频"的特性。

（2）相量关系。

$$\frac{\dot{U}}{\dot{I}} = \frac{U\angle\psi_u}{I\angle\psi_i} = \frac{U}{I}\angle 90° = j\omega L = jX_L \qquad (4.3.19)$$

相量图如图 4.3.8 所示，同样，jX_L 是复数，但不是相量。

（3）功率。

为便于分析，设

图 4.3.8　u 与 i 相量关系

$$u = \sqrt{2}U\sin(\omega t + 90°), \qquad i = \sqrt{2}I\sin\omega t$$

则瞬时功率

$$p = ui = UI\sin 2\omega t$$

如图 4.3.9 所示，瞬时功率 p 是一个正弦量。电感元件只和电源进行能量交换，即重复进行储能—放能，并不消耗能量，所以其有功功率为 0。这与电感元件是储能元件，而非耗能元件的相关结论是相符的。

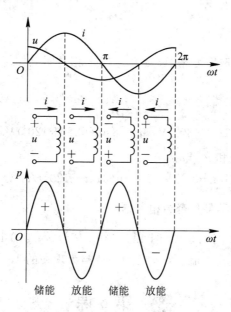

图 4.3.9　瞬时功率

能量转换的规模用无功功率 Q_L 表示，与 Q_C 一样，用瞬时功率的最大值表征。

$$Q_L = UI = X_L I^2 = \frac{U^2}{X_L} \qquad (4.3.20)$$

需要说明的是，电容元件和电感元件都是储能元件，它们与电源进行能量交换是工作需要，本身并不消耗能量，但是对于电源来说是一种负担。

将单一参数元件交流电路的相关分析总结如表 4.3.1 所示。

表 4.3.1　单一参数元件正弦交流电路的分析总结

电路参数	电路图	基本关系	阻抗	电压、电流关系				功率	
				瞬时值	有效值	相量图	相量式	有功功率	无功功率
R	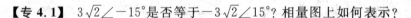	$u=iR$	R	$u=\sqrt{2}U\sin\omega t$ $i=\sqrt{2}I\sin\omega t$	$U=RI$		$\dot{U}=\dot{I}R$	I^2R	0
C		$i=C\dfrac{\mathrm{d}u}{\mathrm{d}t}$	$-\mathrm{j}X_C$	$u=\sqrt{2}U\sin\omega t$ $i=\sqrt{2}I\sin(\omega t+90°)$	$U=X_CI$		$\dot{U}=-\mathrm{j}X_C\dot{I}$	0	X_CI^2
L		$u=L\dfrac{\mathrm{d}i}{\mathrm{d}t}$	$\mathrm{j}X_L$	$u=\sqrt{2}U\sin(\omega t+90°)$ $i=\sqrt{2}I\sin\omega t$	$U=X_LI$		$\dot{U}=\mathrm{j}X_L\dot{I}$	0	X_LI^2

专题探讨

【专 4.1】　$3\sqrt{2}\angle-15°$ 是否等于 $-3\sqrt{2}\angle15°$? 相量图上如何表示?

三题练习

第 7 课

【练 4.1】　$u_1=6\sin(628t+30°)\text{V}$, $u_2=8\sin(628t+120°)\text{V}$, 分别采用代数法和相量图求 u_1+u_2 和 u_1-u_2。

【练 4.2】　$u=6\sin(314t+30°)\text{V}$, $i=\sin(314t+120°)\text{A}$, 分别用最大值相量和有效值相量计算 $\dfrac{\dot{U}_\text{m}}{\dot{I}_\text{m}}$、$\dfrac{\dot{U}}{\dot{I}}$, 并判断结果是否为相量。

【练 4.3】　图 4.3.1、图 4.3.4、图 4.3.7 中, 假设 $u=310\sin(314t+30°)\text{V}$, $R=1\ \Omega$, $C=1\ \text{F}$, $L=1\ \text{H}$, 求其理论电流。当 u 的频率调整为现在的 100 倍时, 电流如何变化?

第 8 课

导学导课

从 4.3 节分析可知, 电阻、电容、电感元件在交流电源激励下, 电压和电流频率并未发生变化, 因此本次课将不再对频率进行讨论, 而重点对单一参数元件串联组合后的电路进行分析。

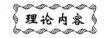
理论内容

4.4　电阻、电容与电感元件串联的交流电路

电阻、电容与电感元件串联的交流电路如图 4.4.1 所示,各元件流过相同的电流,电压与电流的参考方向已在图中标出。由 KVL 可得

$$u = u_R + u_C + u_L$$

用相量表示,则

$$\dot{U} = \dot{U}_R + \dot{U}_C + \dot{U}_L$$

依据 4.3 节中的计算结果,可知

$$\dot{U}_R = R\dot{I}, \quad \dot{U}_C = -jX_C\dot{I}, \quad \dot{U}_L = jX_L\dot{I}$$

即

$$\dot{U} = R\dot{I} - jX_C\dot{I} + jX_L\dot{I} = \dot{I}[R + j(X_L - X_C)]$$

将上式写成

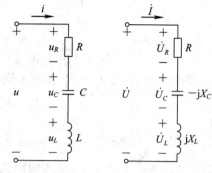

$$\frac{\dot{U}}{\dot{I}} = R + j(X_L - X_C) \qquad (4.4.1)$$

图 4.4.1　R、C、L 串联电路

令 $Z = R + j(X_L - X_C)$,称为阻抗,$X = X_L - X_C$,称为电抗,单位均为欧姆。需要注意的是:Z 是一个复数,不是相量,实部代表“阻”,虚部代表“抗”。

则

$$Z = \sqrt{R^2 + (X_L - X_C)^2} \angle \arctan \frac{X_L - X_C}{R} \qquad (4.4.2)$$

令 $|Z|$ 表示阻抗的模,称为阻抗模,体现电压和电流的大小关系:

$$|Z| = \frac{U}{I} = \sqrt{R^2 + (X_L - X_C)^2} \qquad (4.4.3)$$

令 φ 表示阻抗的辐角,称为阻抗角,体现电压和电流的相位关系:

$$\varphi = \psi_u - \psi_i = \arctan \frac{X_L - X_C}{R} \qquad (4.4.4)$$

可得阻抗关系如图 4.4.2 所示,称为阻抗三角形。

其中

$$R = |Z|\cos\varphi, \quad X_L - X_C = |Z|\sin\varphi \qquad (4.4.5)$$

串联电路的电流相同,因此仅讨论电压和功率。

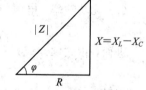

1. 电压

以电流为参考量,设 $i = \sqrt{2}I\sin\omega t$,则 $u = \sqrt{2}U\sin(\omega t + \varphi)$。

图 4.4.2　阻抗三角形

即 $\dot{I} = I\angle 0°$,$\dot{U} = U\angle\varphi$,$\dot{U}_R = RI\angle 0° = U_R\angle 0°$,$\dot{U}_C = -jX_C I\angle 0° = X_C I\angle -90° = U_C\angle -90°$,$\dot{U}_L = jX_L I\angle 0° = X_L I\angle 90° = U_L\angle 90°$。假设 $X_L > X_C$,则 $U_L > U_C$,将以上相量绘于图 4.4.3(a)中。

进而可得电压关系如图 4.4.3(b)所示,称为电压三角形。其中 $\dot{U}_C$ 与 $\dot{U}_L$ 求和用 $\dot{U}_X$ 表示

$$\dot{U}_X = \dot{U}_C + \dot{U}_L$$

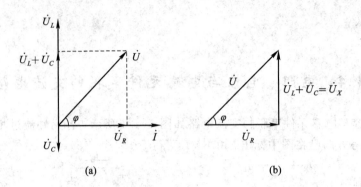

图 4.4.3　电压和电流的相量图

需要注意的是，$\dot{U}_C$ 与 $\dot{U}_L$ 彼此相位相差 $180°$，则

$$U_X = |U_C - U_L|$$

即

$$U = \sqrt{U_R^2 + (U_L - U_C)^2} \tag{4.4.6}$$

式 (4.4.3) 两边同时乘以 I 也可得到式 (4.4.6) 和式 (4.4.7)。

$$U = |Z|I = \sqrt{R^2 + (X_L - X_C)^2}\,I = \sqrt{(RI)^2 + (X_L I - X_C I)^2} \tag{4.4.7}$$

即阻抗三角形每条边乘以 I，可得到电压有效值组成的电压三角形。

2. 功率

式 (4.4.7) 两边同时乘以 I 可得

$$UI = |Z|I^2 = \sqrt{R^2 + (X_L - X_C)^2}\,I^2 = \sqrt{(RI^2)^2 + (X_L I^2 - X_C I^2)^2}$$

由 4.3 节可知，RI^2 表示电阻元件消耗的有功功率，即电路存在的有功功率。$X_L I^2$、$X_C I^2$ 表示电感元件和电容元件的无功功率，即电路存在的无功功率。显然，电源提供的电能一部分被耗能元件消耗，一部分与储能元件进行能量交换。

(1) 有功功率。耗能元件所消耗的部分用有功功率 P 表征，即

$$P = RI^2$$

由式 (4.4.5) 可得

$$P = |Z|\cos\varphi I^2 = UI\cos\varphi \tag{4.4.8}$$

(2) 无功功率。电源与储能元件进行能量交换的部分用无功功率 Q 表征，即

$$Q = (X_L - X_C)I^2 = Q_L - Q_C \tag{4.4.9}$$

进而，由式 (4.4.5) 可得

$$Q = |Z|\sin\varphi I^2 = UI\sin\varphi \tag{4.4.10}$$

当 $X_L > X_C$ 时，$Q > 0$；当 $X_L = X_C$ 时，$Q = 0$；当 $X_L < X_C$ 时，$Q < 0$。说明 R、C、L 串联电路中，磁场能和电场能相互补偿，电路总的无功功率为电感元件和电容元件无功功率之差，其差值部分才与电源进行能量交换。

由上可知，交流电源(如交流发电机、变压器)既需要给电路(负载)提供有功功率，还需要提供无功功率。交流电源输出的功率不仅与电源端电压和输出电流的有效值乘积有关，还与电路的参数有关。电路参数不同，则电压与电流的相位差 φ 不同，在同样电压 U 和电流 I 之下，电路的有功功率和无功功率也会不同。式 (4.4.8) 中的 $\cos\varphi$ 称为功率因数，

用来衡量对电源的利用程度。一般情况下,电源要满足负载的有功功率和无功功率需求,达到功率平衡。

(3) 视在功率。用 S 表示电路中总电压与总电流有效值的乘积,称为视在功率,为了与有功功率及无功功率区分,视在功率单位是伏安(V·A)或千伏安(kV·A)。

$$S = UI = |Z|I^2 \qquad (4.4.11)$$

交流电气设备是按照规定的额定电压 U_N 和额定电流 I_N 来设计和使用的,U_N 和 I_N 的乘积称为容量,即其额定视在功率

$$S_N = U_N I_N$$

容量用来衡量交流发电机、变压器等供电设备可能提供的最大有功功率。

式(4.4.8)、式(4.4.10)和式(4.4.11)是正弦交流电路进行有功功率、无功功率和视在功率计算的一般公式。

显然

$$S = \sqrt{P^2 + Q^2} \qquad (4.4.12)$$

有功功率、无功功率、视在功率的关系可用三角形表示,如图 4.4.4 所示,称为功率三角形。

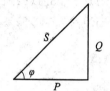

图 4.4.4 功率三角形

阻抗三角形每条边乘以 I^2,即可得到功率三角形。需要说明的是图 4.4.2、图 4.4.3(b)、图 4.4.4 中的三角形是相似的,φ 均指阻抗角。

【例 4.4.1】 电路如图 4.4.5 所示,$X_L = X_C$,已知电压表 V_1、V_2 的读数分别为 150 V 和 120 V,求电压表 V 的读数。

解 电路总的电压和电流用 $\dot{U}$ 和 $\dot{I}$ 表示,R、L、C 上的电压分别用 $\dot{U}_R$、$\dot{U}_L$、$\dot{U}_C$ 表示,R 和 L 串联的电压用 $\dot{U}_{RL}$ 表示。

因为 $X_L = X_C$,所以

$$U_L = U_C = 120 \text{ V}$$

设 $\dot{I} = I\angle 0°$,则 $\dot{U}_R = U_R\angle 0°$,$\dot{U}_C = U_C\angle -90°$,$\dot{U}_L = U_L\angle 90° = -\dot{U}_C$,将上述相量绘制于图 4.4.6 中。

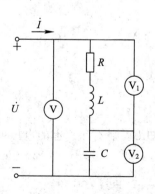

图 4.4.5 例 4.4.1 的电路

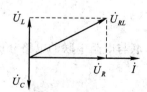

图 4.4.6 相量图

因为 $\dot{U}_{RL} = \dot{U}_R + \dot{U}_L$,所以有

$$U_{RL} = \sqrt{U_R^2 + U_L^2} = 150 \text{ V}$$

进而可得

$$U_R = 90 \text{ V}$$

又因为 $\dot{U} = \dot{U}_R + \dot{U}_C + \dot{U}_L$，所以可得

$$U = U_R = 90 \text{ V}$$

对 R、C、L 串联电路理解较好的读者可直接用图 4.4.3 和式(4.4.6)推导。

4.5 阻抗串联交流电路

交流电源和各种阻抗可组合成不同参数与不同结构的正弦交流电路。本节主要对最简单和最常用的阻抗串联交流电路进行分析。

以图 4.5.1(a)所示阻抗串联电路为例进行分析。设 $Z_1 = R_1 + jX_1 = |Z_1| \angle \varphi_1$，$Z_2 = R_2 + jX_2 = |Z_2| \angle \varphi_2$。

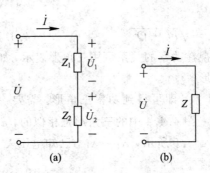

(a)   (b)

图 4.5.1 阻抗的串联

1. 电压、电流与阻抗

由图 4.5.1(a)可得

$$\dot{U} = \dot{U}_1 + \dot{U}_2 = Z_1 \dot{I} + Z_2 \dot{I} = (Z_1 + Z_2)\dot{I} \tag{4.5.1}$$

由图 4.5.1(b)可得

$$\dot{U} = Z\dot{I} \tag{4.5.2}$$

阻抗 Z_1 和 Z_2 串联可用阻抗 Z 等效，即

$$Z = Z_1 + Z_2 = (R_1 + R_2) + j(X_1 + X_2) = |Z| \angle \varphi \tag{4.5.3}$$

一般情况下，φ_1 与 φ_2 并不相同，因此

$$|Z| \neq |Z_1| + |Z_2|$$

即

$$U \neq U_1 + U_2 \tag{4.5.4}$$

阻抗串联与电阻串联的电路分析方法相同。如已知 $\dot{U}$，则 Z_1 和 Z_2 上的电压可用分压公式求得

$$\dot{U}_1 = \frac{Z_1}{Z_1 + Z_2}\dot{U}, \quad \dot{U}_2 = \frac{Z_2}{Z_1 + Z_2}\dot{U}$$

如已知 $\dot{I}$，求解 $\dot{U}$。可先用式(4.5.3)求等效阻抗 Z，再由式(4.5.2)求得 $\dot{U}$。或者先计算 $\dot{U}_1$ 和 $\dot{U}_2$，再求得 $\dot{U}$。

2. 功率

(1) 视在功率。电路总的视在功率为

$$S = UI$$

Z_1 和 Z_2 上的视在功率用 S_1 和 S_2 表示：

$$S_1 = U_1 I, \quad S_2 = U_2 I$$

由式(4.5.4)可知，$U \neq U_1 + U_2$，即

$$S \neq S_1 + S_2 \tag{4.5.5}$$

(2) 有功功率。由式(4.4.8)和式(4.5.3)可得，电路中的有功功率为

$$P = UI\cos\varphi = |Z|\cos\varphi I^2 = (R_1 + R_2) I^2$$

Z_1 和 Z_2 上的有功功率分别用 P_1 和 P_2 表示：

$$P_1 = R_1 I^2, \quad P_2 = R_2 I^2$$

即

$$P = P_1 + P_2 \tag{4.5.6}$$

(3) 无功功率。由式(4.4.10)和式(4.5.3)可得，电路总的无功功率为

$$Q = UI\sin\varphi = |Z|\sin\varphi I^2 = (X_1 + X_2) I^2$$

Z_1 和 Z_2 上的无功功率分别用 Q_1 和 Q_2 表示：

$$Q_1 = X_1 I^2, \quad Q_2 = X_2 I^2$$

即

$$Q = Q_1 + Q_2 \tag{4.5.7}$$

3. 相量图

串联交流电路中，一般选取电流为参考量。设 $\dot{I} = I \angle 0°$，和其他相量绘入同一相量图，如果角度特殊，则使用相量图分析更为方便。

【例 4.5.1】 电路如图 4.5.1(a)所示，$Z_1 = \dfrac{3\sqrt{2}}{2} + j\dfrac{3\sqrt{2}}{2}$ Ω，$Z_2 = 2\sqrt{2} - j2\sqrt{2}$ Ω，电流 I 为 10 A。求 $\dot{U}$、有功功率 P、无功功率 Q 和视在功率 S。

解 电路为串联电路，$Z_1 = \dfrac{3\sqrt{2}}{2} + j\dfrac{3\sqrt{2}}{2} = 3\angle 45°$ Ω，$Z_2 = 2\sqrt{2} - j2\sqrt{2} = 4\angle -45°$ Ω。设 $\dot{I} = 10\angle 0°$ A。

(1) 代数法。

$$Z = Z_1 + Z_2 = \frac{7\sqrt{2}}{2} - j\frac{\sqrt{2}}{2} = 5\angle -8° \text{ Ω}$$

故

$$\dot{U} = Z\dot{I} = 50\angle -8° \text{ V}$$

或

$$\dot{U}_1 = Z_1\dot{I} = 30\angle 45° \text{ V}, \quad \dot{U}_2 = Z_2\dot{I} = 40\angle -45° \text{ V}$$

故 $\dot{U} = \dot{U}_1 + \dot{U}_2$，可直接用代数式求解。

(2) 相量图法。将 $\dot{I}$、$\dot{U}_1$、$\dot{U}_2$ 绘于图 4.5.2 中，显然

$$U = \sqrt{U_1^2 + U_2^2} = 50 \text{ V}$$

$$\varphi' = \arctan\frac{3}{4} = 37°$$

即

$$\varphi = -45° + \varphi' = -8°$$
$$\dot{U} = 50 \angle -8° \text{ V}$$

已知 $U = 50$ V，$I = 10$ A，$Z = \dfrac{7\sqrt{2}}{2} - \text{j}\dfrac{\sqrt{2}}{2}$，则

$$S = UI = 500 \text{ V} \cdot \text{A}$$

$$P = RI^2 = \frac{7\sqrt{2}}{2} \times 100 = 350\sqrt{2} = 494.9 \text{ W}$$

$$Q = XI^2 = -\frac{\sqrt{2}}{2} \times 100 = -50\sqrt{2} = -70.7 \text{ var}$$

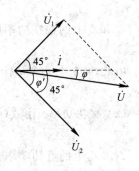

图 4.5.2 相量图

专题探讨

【专 4.2】 R、C、L 串联的正弦交流电路中，是否总电压一定大于分电压？R、C 和 L 处于何种关系时电路电流最大？此时电路是否有无功功率？

三题练习

第 8 课

【练 4.4】 电路如图 1 所示，求 (a)、(b) 的电压 U。

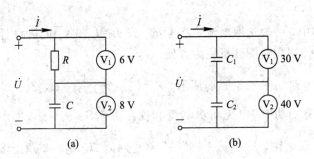

图 1 练 4.4 的电路

【练 4.5】 电路如图 2 所示，含 R、L 的线圈与电容 C 串联，已知线圈电压 $U_{RL} = 50$ V，电容电压 $U_C = 30$ V，总电压与电流同相，求总电压 U 并分析功率情况。

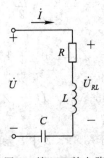

图 2 练 4.5 的电路

【练 4.6】 日光灯电源的电压为 220 V，频率为 50 Hz，灯管相当于 300 Ω 的电阻，与灯管串联的镇流器在忽略电阻的情况下相当于 400 Ω 感抗的电感，试求灯管两端的电压和工作电流，并画出相量图。

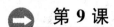

本次课重点对阻抗并联后的电路进行分析，并对功率因数提高的方法进行讨论。

4.6　并联交流电路

以图 4.6.1(a)所示阻抗并联电路为例进行分析。设 $Z_1 = R_1 + jX_1 = |Z_1| \angle \varphi_1$，$Z_2 = R_2 + jX_2 = |Z_2| \angle \varphi_2$。

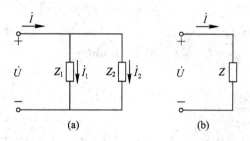

图 4.6.1　阻抗的并联

1. 电压、电流与阻抗

由图 4.6.1(a)可得

$$\dot{I} = \dot{I}_1 + \dot{I}_2 = \frac{\dot{U}}{Z_1} + \frac{\dot{U}}{Z_2} \tag{4.6.1}$$

由图 4.6.1(b)可得

$$\dot{I} = \frac{\dot{U}}{Z} \tag{4.6.2}$$

阻抗 Z_1 和 Z_2 并联可用阻抗 Z 等效。即

$$\frac{1}{Z} = \frac{1}{Z_1} + \frac{1}{Z_2} \tag{4.6.3}$$

则

$$Z = \frac{Z_1 Z_2}{Z_1 + Z_2} = \frac{(R_1 + jX_1)(R_2 + jX_2)}{(R_1 + R_2) + j(X_1 + X_2)} = |Z| \angle \varphi$$

Z 的计算要视情况而定，有时使用极坐标式更为简单。

一般情况下，φ_1 与 φ_2 并不相同，因此

$$\frac{1}{|Z|} \neq \frac{1}{|Z_1|} + \frac{1}{|Z_2|}$$

即

$$I \neq I_1 + I_2 \qquad (4.6.4)$$

阻抗并联与电阻并联的电路分析方法相同。如已知 $\dot{I}$，则 Z_1 和 Z_2 上的电流可用分流公式求得

$$\dot{I}_1 = \frac{Z_2}{Z_1 + Z_2}\dot{I}, \qquad \dot{I}_2 = \frac{Z_1}{Z_1 + Z_2}\dot{I}$$

如已知 $\dot{U}$，求解 $\dot{I}$。可先由式(4.6.3)计算等效阻抗 Z，再由式(4.6.2)求得 $\dot{I}$。或者先计算 $\dot{I}_1$ 和 $\dot{I}_2$，再求得 $\dot{I}$。

2. 功率

(1) 视在功率。电路总的视在功率为

$$S = UI$$

Z_1 和 Z_2 上的视在功率分别用 S_1 和 S_2 表示：

$$S_1 = UI_1, \qquad S_2 = UI_2$$

由式(4.6.4)可知，$I \neq I_1 + I_2$，即

$$S \neq S_1 + S_2 \qquad (4.6.5)$$

设 $\dot{U} = U\angle 0°$，则 $\dot{I} = I\angle -\varphi = I\cos(-\varphi) + jI\sin(-\varphi)$，$\dot{I}_1 = I_1\angle -\varphi_1 = I_1\cos(-\varphi_1) + jI_1\sin(-\varphi_1)$，$\dot{I}_2 = I_2\angle -\varphi_2 = I_2\cos(-\varphi_2) + jI_2\sin(-\varphi_2)$。

因为

$$\dot{I} = \dot{I}_1 + \dot{I}_2$$

所以

$$I\cos\varphi = I_1\cos\varphi_1 + I_2\cos\varphi_2, \qquad I\sin\varphi = I_1\sin\varphi_1 + I_2\sin\varphi_2$$

进而

$$UI\cos\varphi = UI_1\cos\varphi_1 + UI_2\cos\varphi_2, \qquad UI\sin\varphi = UI_1\sin\varphi_1 + UI_2\sin\varphi_2 \qquad (4.6.6)$$

(2) 有功功率。Z_1 和 Z_2 的有功功率分别用 P_1 和 P_2 表示，则由式(4.6.6)可知，电路总的有功功率

$$P = P_1 + P_2 \qquad (4.6.7)$$

其中

$$P = UI\cos\varphi = \frac{U^2}{|Z|}\cos\varphi, \qquad P_1 = R_1 I_1^2, \qquad P_2 = R_2 I_2^2$$

(3) 无功功率。Z_1 和 Z_2 的无功功率分别用 Q_1 和 Q_2 表示，则由式(4.6.6)可知，电路总的无功功率

$$Q = Q_1 + Q_2 \qquad (4.6.8)$$

其中

$$Q = UI\sin\varphi = \frac{U^2}{|Z|}\sin\varphi, \qquad Q_1 = X_1 I_1^2, \qquad Q_2 = X_2 I_2^2$$

因此无论阻抗串联还是并联，电路总的无功功率表达式是相同的，均为 $Q = Q_1 + Q_2$。用 Q_{1L} 和 Q_{1C} 表示 Z_1 的电感元件和电容元件的无功功率，用 Q_{2L} 和 Q_{2C} 表示 Z_2 的电感元件和电容元件的无功功率，由式(4.4.9)可知

$$Q_1 = Q_{1L} - Q_{1C}, \qquad Q_2 = Q_{2L} - Q_{2C}$$

即

$$Q = Q_1 + Q_2 = Q_{1L} + Q_{2L} - (Q_{1C} + Q_{2C})$$

说明并联电路中同时存在电感元件和电容元件时，电路总的无功功率也应为二者无功功率之差，差值部分才和电源进行能量交换。

无论是串联交流电路还是并联交流电路，电路中总的有功功率等于各阻抗的有功功率之和，电路中总的无功功率等于各阻抗的无功功率之和，但是一般情况下，电路总的视在功率不等于各阻抗的视在功率之和。

3. 相量图

并联交流电路中，一般选取电压为参考量。令 $\dot{U} = U \angle 0°$，和其他相量绘入同一相量图，如果角度特殊，则使用相量图分析更为方便。

【例 4.6.1】 电路如图 4.6.1(a) 所示，$Z_1 = 2\sqrt{2} + j2\sqrt{2}\ \Omega$，$Z_2 = -j2\sqrt{2}\ \Omega$，电压 U 为 100 V。求解 $\dot{I}$、有功功率 P、无功功率 Q 和视在功率 S。

解 电路为并联电路，$Z_1 = 2\sqrt{2} + j2\sqrt{2} = 4\angle 45°\ \Omega$，$Z_2 = -j2\sqrt{2} = 2\sqrt{2}\angle -90°\ \Omega$。设 $\dot{U} = 100\angle 0°$ V。

(1) 代数法。

$$Z = \frac{Z_1 Z_2}{Z_1 + Z_2} = \frac{8 - j8}{2\sqrt{2}} = 2\sqrt{2} - j2\sqrt{2} = 4\angle -45°\ \Omega$$

故

$$\dot{I} = \frac{\dot{U}}{Z} = 25\angle 45°\ \text{A}$$

或

$$\dot{I}_1 = \frac{\dot{U}}{Z_1} = 25\angle -45°\ \text{A}, \qquad \dot{I}_2 = \frac{\dot{U}}{Z_2} = 25\sqrt{2}\angle 90°\ \text{A}$$

故 $\dot{I} = \dot{I}_1 + \dot{I}_2$，可直接用代数式求解。

(2) 相量图法。

将 $\dot{U}$、$\dot{I}_1$、$\dot{I}_2$ 绘于图 4.6.2，$\dot{I}_1$ 分解为 $\dfrac{25\sqrt{2}}{2}\angle 0°$ 和

$\dfrac{25\sqrt{2}}{2}\angle -90°$ 两个相量，则

$$I = \sqrt{\left(\frac{25\sqrt{2}}{2}\right)^2 + \left(I_2 - \frac{25\sqrt{2}}{2}\right)^2} = 25\ \text{A}$$

$$\varphi = \arctan \frac{I_2 - \dfrac{25\sqrt{2}}{2}}{\dfrac{25\sqrt{2}}{2}} = 45°$$

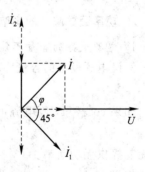

图 4.6.2 相量图

即

$$\dot{I} = 25\angle 45°\ \text{A}$$

已知 $U = 100$ V，$I = 25$ A，$Z = 2\sqrt{2} - j2\sqrt{2}\ \Omega$，则

$$S = UI = 2500\ \text{V} \cdot \text{A}$$

$$P = RI^2 = 2\sqrt{2} \times 625 = 1767.5 \text{ W}$$

$$Q = XI^2 = -2\sqrt{2} \times 625 = -1767.5 \text{ var}$$

例 4.5.1 中电路总的阻抗角 φ 为 $-8°$，称电路呈现容性，负载为容性负载。若电路总的阻抗角 φ 为 $8°$，称电路呈现感性，负载为感性负载。φ 与电路性质和负载性质的关系见表 4.6.1。

表 4.6.1　电路性质

阻抗角 φ	u 和 i 关系	电路性质	负载性质
$0 < \varphi < 90°$	u 超前 i（呈感性）	感性电路	感性负载
$-90° < \varphi < 0$	u 滞后 i（呈容性）	容性电路	容性负载
$\varphi = 0$	u 与 i 同相（呈电阻性）	电阻性电路	电阻性负载

4.7　功率因数的提高

正如 4.4 节所讲，$\cos\varphi$ 称为功率因数，而 φ 指电压与电流的相位差，即阻抗角，又叫功率因数角。当 $\cos\varphi < 1$ 时，电路中发生能量互换，出现无功功率。异步电动机在额定负载时的功率因数约为 $0.7 \sim 0.9$，轻载时功率因数更低。高压供电的工业企业的平均功率因数要求不低于 0.95。供电局一般要求用户的功率因数不低于 0.9。

1. 功率因数减小的原因

日常生活中很多器件都会使用到电感或者产生电感效应，如电机、日光灯等，包含这些器件的电路可等效为 RL 串联电路。由式(4.4.4)可知，RL 串联电路的阻抗角可表达为

$$\varphi = \arctan \frac{X_L}{R}$$

电感 L 增大则感抗 X_L 增大，会导致阻抗角 φ 增大，进而使得功率因数 $\cos\varphi$ 减小。

2. 功率因数减小的影响

1) 电源设备的容量不能充分利用

假设电源设备的容量为 S_N，则

$$S_N = U_N I_N = 1000 \text{ kV} \cdot \text{A}$$

如果 $\cos\varphi = 1$，则电源可发出的有功功率为

$$P = U_N I_N \cos\varphi = 1000 \text{ kW}$$

故无需提供无功功率。

如果 $\cos\varphi = 0.6$，则电源可发出的有功功率为

$$P = U_N I_N \cos\varphi = 600 \text{ kW}$$

故需要提供的无功功率为

$$Q = U_N I_N \sin\varphi = 800 \text{ kvar}$$

所以提高 $\cos\varphi$ 可使电源设备的容量得以充分利用。

2) 增加线路和发电机绕组的功率损耗

因为 $P = UI\cos\varphi$，所以

$$I = \frac{P}{U\cos\varphi}$$

又因为损耗

$$\Delta P = RI^2$$

所以提高 $\cos\varphi$ 可减小线路和发电机绕组的电流,进而降低损耗。

由上可知,提高功率因数有现实意义。

3. 功率因数的提高

从 4.6 节中可知,无论是串联交流电路还是并联交流电路,电容元件和电感元件产生的无功功率可相互补偿。因此,要想提高功率因数,只需要在 RL 电路中串联或者并联容性负载即可。但是提高功率因数的同时必须保证原负载的工作状态不变,即负载上的电压和有功功率不变,因此不可以在 RL 电路串接容性负载。一般情况下,采取的措施为在感性负载两端并联静电电容器。

设 $\dot{U}=U\angle 0°$,RL 电路的阻抗角为 φ_1,由图 4.7.1 和图 4.7.2 可知,未并联电容前,$\dot{I}=\dot{I}_1$,$\dot{I}$ 滞后 $\dot{U}$ φ_1,φ_1 即为电路总的阻抗角。并联电容器后产生了 $\dot{I}_2$,$\dot{I}_2$ 超前 $\dot{U}$ $90°$。因为 $\dot{I}=\dot{I}_1+\dot{I}_2$,由相量图可知,$\varphi_1$ 减小为 φ,φ 为电路新的阻抗角。如果调整合适,可将 φ 调整为 $0°$。

并联电容后电路的总电流 I 减小,总视在功率 S 下降,总功率因数 $\cos\varphi$ 提高,原感性支路的工作状态不变。

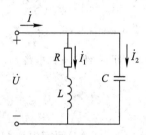

图 4.7.1　感性负载并联电容

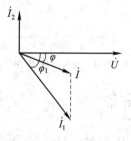

图 4.7.2　相量图

专题探讨

第 9 课

【**专 4.3**】　电路如图 1 所示,已知 A_1 表的读数为 4 A,A_2 表的读数为 6 A,A_3 表的读数为 3 A,求 A 表的读数。

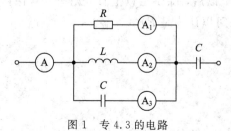

图 1　专 4.3 的电路

三题练习

【练 4.7】 电路如图 2 所示，求(a)、(b)的电流 I。

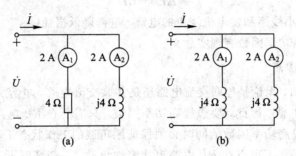

图 2　练 4.7 的电路

【练 4.8】 电路如图 3 所示，已知 $\dot{U}=240\angle0°$ V，$R_1=25$ Ω，$R_2=10$ Ω，$X_L=20$ Ω，$X_C=30$ Ω，求电路总阻抗 Z 和电路总电流 I，并分析功率情况。

【练 4.9】 电路如图 4 所示，$R=X_L=10$ Ω，欲使电路的功率因数为 1，试求 X_C。

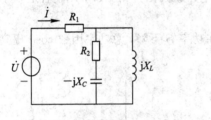

图 3　练 4.8 的电路

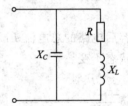

图 4　练 4.9 的电路

项目应用

某频率为 50 Hz 的单相交流电源，其额定容量 $S_N=40$ kV·A，额定电压 $U_N=220$ V，供给居民照明电路。负载都是 40 W 的日光灯(可认为是 RL 串联)，其功率因数为 0.5，试求：

(1)日光灯最多可点多少盏？

(2)用补偿电容将功率因数提高到 1，这时电路的总电流是多少？需用多大的补偿电容？

(3)功率因数提高到 1 以后，除供给以上日光灯外，若保持电源在额定情况下工作，还可增加 40 W 的白炽灯(可以认为是 R)多少盏？

三相交流电路分析

　　生活中常常使用到交流电,如洗衣机滚筒电动机的单相 220 V 供电。而生产中也会常常使用到交流电,如机床主轴电动机的三相 380 V 供电。在教室会看到如图 5.1.0(a)所示的插座,连接单相交流用电负载。在实验室或工厂会看到如图 5.1.0(b)所示的三相插座,连接三相交流用电负载。

(a) 普通插座

(b) 三相插座

图 5.1.0　插座

　　早期各国在建立电力系统模型时,发现三相交流电(简称三相电)有很多优点。如三相电对应的三相电动机能够平稳转动;相同尺寸的三相发电机比单相发电机的功率大;在传输方面,三相系统比单相系统节省传输线;三相变压器比单相变压器经济等,因此三相电被广泛使用。

能力要素

　　(1) 能够对负载星形和三角形联结的三相电路进行电压和电流求解。
　　(2) 能够选择三相负载的连接方式。
　　(3) 能够对三相电路功率进行计算。

三相电压 —— 三相绕组星形联结 —— 电源线、相电压

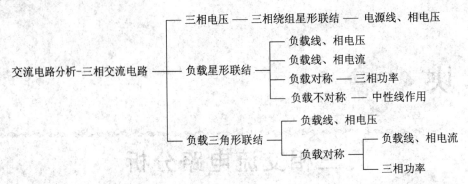

交流电路分析-三相交流电路 ——— 负载星形联结 ——— 负载线、相电压
　　　　　　　　　　　　　　　　　　　　　　负载线、相电流
　　　　　　　　　　　　　　　　　　　　　　负载对称 —— 三相功率
　　　　　　　　　　　　　　　　　　　　　　负载不对称 —— 中性线作用
　　　　　　　　　　　负载三角形联结 ——— 负载线、相电压
　　　　　　　　　　　　　　　　　　　　负载对称 ——— 负载线、相电流
　　　　　　　　　　　　　　　　　　　　　　　　　 三相功率

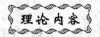

　　(1) 调研工厂、实验室等场所，举例三相电路。
　　(2) 完成本模块的项目应用。

第 10 课

导学导课

　　模块 4 学习了单相交流电，而生产和生活中普遍使用三相交流电。那么三相交流电是如何产生的？它和单相交流电有什么关系？相线和中性线如何连接？负载又如何连接？本次课对三相交流电的产生和相关概念进行介绍，推导负载星形和三角形联结时电压、电流的关系，并对两种连接方式下的功率进行讨论。

理论内容

5.1　三　相　电　压

　　发电装置如图 5.1.1 所示，由定子和转子组成。定子上镶嵌匝数相同、空间排列互差 $120°$ 的三相绕组，称为 U、V、W 相。每相绕组有首有尾，其中 U_1、V_1、W_1 为首端，U_2、V_2、W_2 为尾端。中间部分为转子，其上缠绕励磁绕组，励磁绕组通电后形成磁场。

　　通过原动机拖动转子匀速转动，形成旋转的磁场，则定子中的三相绕组被磁感线切割，切割后会产生感应电动势。如图 5.1.2 所示，假定转子不动，相当于定子中的绕组在旋转切割磁感线，切割的线速度可以分解为平行于磁感线和垂直于磁感线两部分，其中垂直于磁感线部分(正弦分量)产生感应电动势。

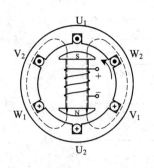

图 5.1.1 发电装置

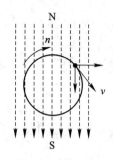

图 5.1.2 定子绕组切割磁感线简图

以 U 相绕组为例，图 5.1.1 所示瞬间切割磁感线速度最快，转到 90°，则不再切割，转到 180°，反方向切割速度最快。以此类推，转子旋转一周，定子绕组上产生的电动势也会形成一个周期的正弦量，其他两相类似。因定子绕组空间分布位置不同，切割有顺序之分，进而在三相绕组的两端得到了频率相同、幅值相等、相位互差 120° 的三相对称电压，以 u_1 为参考量，分别用 u_1、u_2 和 u_3 表示，则

$$\left.\begin{array}{l} u_1 = U_m\sin\omega t \\ u_2 = U_m\sin(\omega t - 120°) \\ u_3 = U_m\sin(\omega t + 120°) \end{array}\right\} \qquad (5.1.1)$$

三相交流电压出现正幅值（或相应零值）的顺序称为相序，显然，式（5.1.1）表示的三相电压相序为 u_1、u_2、u_3。

使用相量表示为

$$\left.\begin{array}{l} \dot{U}_1 = U\angle 0° \\ \dot{U}_2 = U\angle -120° \\ \dot{U}_3 = U\angle 120° \end{array}\right\} \qquad (5.1.2)$$

相量图如图 5.1.3 所示。

显然

$$\dot{U}_1 + \dot{U}_2 + \dot{U}_3 = 0 \qquad (5.1.3)$$

即

$$u_1 + u_2 + u_3 = 0 \qquad (5.1.4)$$

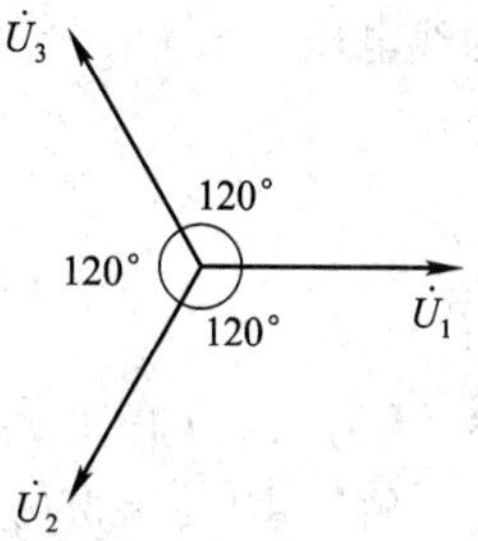

如图 5.1.4 所示，如果在发电的时候将定子三相绕组的尾端（U_2、V_2、W_2）接到一起，这种连接方式称为三相电源的星形联结（Y 联结）。

接到一起的这个点叫中性点，也称为零点，引出来的供电线叫中性线，也称零线，用 N 来表示，在低压系统中，中性点通常接地，所以中性线俗称地线。U_1、V_1、W_1 端引出来的供电线叫端线，也叫相线，俗称火线，三根相线用 L_1、L_2、L_3 表示。采用上述四根供电线进行供电的方式称为三相四线制，可以向用电负载提供两种电压。

图 5.1.3 相量图

（1）电源相电压。

电源相电压指发电装置定子绕组首端和尾端之间的电压，即图 5.1.4 所示的 u_1、u_2、

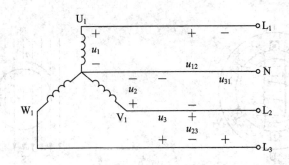

图 5.1.4 电源的星形联结

u_3，也是式(5.1.2)中的$\dot{U}_1$、$\dot{U}_2$、$\dot{U}_3$，有效值用U_1、U_2、U_3或一般用U_P表示。显然电源相电压为相线与中性线之间的电压。

(2) 电源线电压。

电源线电压指发电装置两定子绕组首端和首端之间的电压，即图 5.1.4 所示的 u_{12}、u_{23}、u_{31}，用相量表示为$\dot{U}_{12}$、$\dot{U}_{23}$、$\dot{U}_{31}$，有效值用U_{12}、U_{23}、U_{31}或一般用U_L表示。显然电源线电压为相线与相线之间的电压。

下面以$\dot{U}_1$、$\dot{U}_2$及$\dot{U}_{12}$为例讨论线、相电压间的关系。由图 5.1.4 所示，根据 KVL 可得

$$\dot{U}_{12} = \dot{U}_1 - \dot{U}_2 \tag{5.1.5}$$

将上述相量绘制于图 5.1.5。

计算可得

$$\dot{U}_{12} = \sqrt{3}\,\dot{U}_1 \angle 30° \tag{5.1.6}$$

因此电源绕组星形联结时，有

$$U_L = \sqrt{3}\,U_P \tag{5.1.7}$$

且线电压超前对应的相电压30°。因为相电压对称，则线电压也是对称的，大小相等且彼此相位相差 120°。以式(5.1.2)表示的相电压为参考，可得式(5.1.8)所示的线电压。

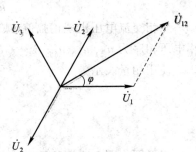

图 5.1.5 星形联结时线、相电压关系

$$\left. \begin{aligned} \dot{U}_{12} &= \sqrt{3}U \angle 30° \\ \dot{U}_{23} &= \sqrt{3}U \angle -90° \\ \dot{U}_{31} &= \sqrt{3}U \angle 150° \end{aligned} \right\} \tag{5.1.8}$$

【例 5.1.1】 $\dot{U}_{BC} = 380 \angle 0°$ V，则$\dot{U}_A$、$\dot{U}_B$、$\dot{U}_C$、$\dot{U}_{AB}$、$\dot{U}_{CA}$分别为多少？

解 由$\dot{U}_{BC} = 380 \angle 0°$ V，$\dot{U}_{AB} = 380 \angle 120°$ V，$\dot{U}_{CA} = 380 \angle -120°$ V。

即$\dot{U}_B = 220 \angle -30°$ V，$\dot{U}_A = 220 \angle 90°$ V，$\dot{U}_C = 220 \angle -150°$ V。

5.2 负载星形联结的三相电路

三相电路中负载的连接方法有两种，星形联结和三角形联结（△联结）。如图 5.2.1 所示，供电系统采用三相四线制供电，提供 380 V 线电压和 220 V 相电压。居民用电负载的额定电压为 220 V，因此需要接到相线和中性线之间。一般情况下要将负载均匀分配到各

相，因此将其分成三部分，分别用阻抗 Z_1、Z_2、Z_3 表示。将 Z_1、Z_2、Z_3 的首端与相线 L_1、L_2、L_3 相连，尾端共同接到了中性线 N，构成星形联结。图中给居民用电负载和电动机共同供电的相线和中性线称为干线，从干线上引出的相线和中性线称为支线。

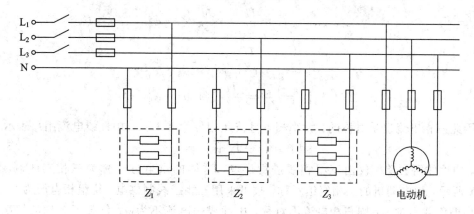

图 5.2.1　负载星形联结的三相电路

图 5.2.1 的居民用电电路可简化为图 5.2.2。负载首端和尾端之间的电压称为负载相电压，显然，电源相电压即为负载相电压。两负载首端之间的电压称为负载线电压。显然，电源线电压即为负载线电压，因此负载线、相电压之间关系满足式(5.1.6)。

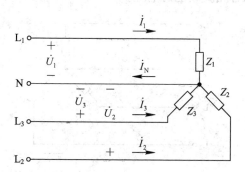

图 5.2.2　居民用电负载星形联结简化图

电路中存在两种电流：线电流和负载相电流。

1. 线电流

负载线电流指负载从相线(指干线)取用的电流，即图 5.2.2 所示的 i_1、i_2、i_3，用相量表示为 $\dot{I}_1$、$\dot{I}_2$、$\dot{I}_3$，有效值用 I_1、I_2、I_3 或一般用 I_L 表示。显然负载线电流为相线(指支线)上的电流。

电源线电流定义为相线(指干线)提供的电流。一般情况下电源并不只给一个负载供电，因此电源线电流与负载线电流并不相等。

2. 负载相电流

负载相电流指流过负载的电流。有效值用 I_P 表示。显然星形联结时，负载线电流即为负载相电流。

$$I_L = I_P$$

(5.2.1)

当负载对称时
$$Z_1 = Z_2 = Z_3 = |Z| \angle \varphi \tag{5.2.2}$$
由式(5.1.2)可得
$$\left. \begin{array}{l} \dot{I}_1 = \dfrac{\dot{U}_1}{Z_1} = \dfrac{U}{|Z|} \angle -\varphi \\[2mm] \dot{I}_2 = \dfrac{\dot{U}_2}{Z_2} = \dfrac{U}{|Z|} \angle -120° -\varphi \\[2mm] \dot{I}_3 = \dfrac{\dot{U}_3}{Z_3} = \dfrac{U}{|Z|} \angle 120° -\varphi \end{array} \right\} \tag{5.2.3}$$

因此三相电流也是对称的，大小相等且彼此相位相差 $120°$。中性线电流用 $\dot{I}_N$ 表示，则
$$\dot{I}_N = \dot{I}_1 + \dot{I}_2 + \dot{I}_3 = 0 \tag{5.2.4}$$
此时，中性线可去除，仅由三根相线进行供电，这样的供电方式称为三相三线制。如图 5.2.1 所示，因电动机的三相绕组对称，故可采用三相三线制供电，绕组相电压为 220 V。

如果负载不对称，则三相电流不对称，中性线的电流不为 0。负载不对称的情况通过 例 5.2.1 进行讨论。

【例 5.2.1】 电路如图 5.2.3 所示，三相四线制电源电压为 380/220 V。(1) L_1 相短路，中性线未断开；(2) L_1 相短路，中性线断开；(3) L_1 相断开，中性线未断开；(4) L_1 相断开，中性线断开，试求各相负载上的电压。

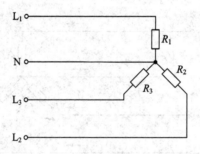

图 5.2.3　例 5.2.1 的电路

解 (1) L_1 相短路，中性线未断开，如图 5.2.4 所示。此时 R_1 被短路，短路电流很大，将 L_1 相熔断，而 L_2 相和 L_3 相未受影响，则 R_1 上的电压为 0，R_2、R_3 上的电压均为 220 V。

(2) L_1 相短路，中性线断开，如图 5.2.5 所示。此时 R_1 被短路，R_1 上的电压为 0。R_2 的一端接到了 L_2，一端接到了 L_1，因此 R_2 上的电压为 380 V。同理，R_3 上的电压也为 380 V。

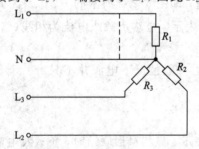

图 5.2.4　L_1 相短路，中性线未断开

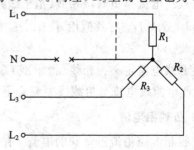

图 5.2.5　L_1 相短路，中性线断开

(3) L_1 相断开，中性线未断开，如图 5.2.6 所示。R_1 上的电压为 0，R_2、R_3 上的电压均

为 220 V。

（4）L_1 相断开，中性线断开，如图 5.2.7 所示。R_1 上的电压为 0。R_2 与 R_3 串联，电压为 380 V，则串联电流为

$$I = \frac{380}{R_2 + R_3}$$

进而可求得 R_2 和 R_3 上的电压 U_2 和 U_3 为

$$U_2 = R_2 \times \frac{380}{R_2 + R_3}, \quad U_3 = R_3 \times \frac{380}{R_2 + R_3}$$

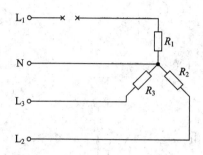
图 5.2.6　L_1 相断开，中性线未断开

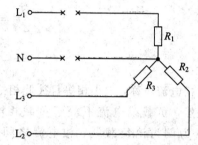
图 5.2.7　L_1 相断开，中性线断开

由（1）和（3）可知，中性线未断开时，R_2 与 R_3 上的电压均为 220 V；由（2）和（4）可知，中性线断开后，R_2 与 R_3 的电压均不等于 220 V。因此，负载不对称而又没有中性线时，负载的相电压不对称，而中性线可以保证星形联结的不对称负载的相电压对称。

一般情况下居民用电负载无法保证完全对称，因此采用三相四线制供电且中性线（指干线）内不允许接熔断器或闸刀开关。

5.3　负载三角形联结的三相电路

如图 5.3.1 所示，负载三角形联结指三相负载彼此首尾相连。线、相电压和电流的定义同 5.2 节。三相负载分别为 Z_{12}、Z_{23}、Z_{31}，负载线电流为 $\dot{I}_1$、$\dot{I}_2$、$\dot{I}_3$，负载相电流为 $\dot{I}_{12}$、$\dot{I}_{23}$、$\dot{I}_{31}$。负载只需要三根相线，因此电源给三角形联结的负载供电时，采用三相三线制。

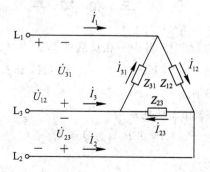
图 5.3.1　三角形联结

显然，电源线电压、负载线电压和负载相电压相同。因为电源的线电压对称，则无论

负载是否对称，负载相电压也是对称的。

$$U_{12} = U_{23} = U_{31} = U_L = U_P \tag{5.3.1}$$

当负载对称时

$$Z_{12} = Z_{23} = Z_{31} = |Z| \angle \varphi \tag{5.3.2}$$

为分析方便，设电源线电压 $\dot{U}_{12} = \sqrt{3}U \angle 0°$，$\dot{U}_{23} = \sqrt{3}U \angle -120°$，$\dot{U}_{31} = \sqrt{3}U \angle 120°$，则负载相电流为

$$
\begin{aligned}
\dot{I}_{12} &= \frac{\dot{U}_{12}}{Z_{12}} = \frac{\sqrt{3}U}{|Z|} \angle -\varphi \\
\dot{I}_{23} &= \frac{\dot{U}_{23}}{Z_{23}} = \frac{\sqrt{3}U}{|Z|} \angle -120° -\varphi \\
\dot{I}_{31} &= \frac{\dot{U}_{31}}{Z_{31}} = \frac{\sqrt{3}U}{|Z|} \angle 120° -\varphi
\end{aligned}
\right\} \tag{5.3.3}
$$

即负载相电流对称，大小相等且彼此相位相差 120°。

显然，负载线电流不等于负载相电流。以 $\dot{I}_1$、$\dot{I}_{12}$、$\dot{I}_{31}$ 为例讨论负载线、相电流之间的关系，由 KCL 可得

$$\dot{I}_1 = \dot{I}_{12} - \dot{I}_{31} \tag{5.3.4}$$

将上述相量绘于图 5.3.2。

计算可得

$$\dot{I}_1 = \sqrt{3}\,\dot{I}_{12} \angle -30° \tag{5.3.5}$$

因此负载三角形联结时

$$I_L = \sqrt{3}\,I_P \tag{5.3.6}$$

且线电流滞后对应的相电流 30°。因为相电流对称，则线电流也是对称的，大小相等且彼此相位相差 120°。

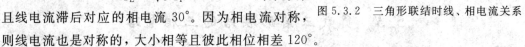

图 5.3.2　三角形联结时线、相电流关系

图 5.2.1 中的电动机绕组也可采用三角形联结，与星形联结不同的是绕组相电压会变为 380 V。

5.4　三　相　功　率

负载是星形或是三角形联结时，其中一相负载的有功功率 P_1 和无功功率 Q_1 可表示为

$$P_1 = U_P I_P \cos\varphi_P, \quad Q_1 = U_P I_P \sin\varphi_P \tag{5.4.1}$$

其中 φ_P 指该相负载上的阻抗角。

则三相电路总的有功功率和无功功率为

$$P = P_1 + P_2 + P_3, \quad Q = Q_1 + Q_2 + Q_3$$

当负载对称时

$$P = 3U_P I_P \cos\varphi_P, \quad Q = 3U_P I_P \sin\varphi_P \tag{5.4.2}$$

(1) 负载星形联结时，有

$$U_L = \sqrt{3}U_P, \quad I_L = I_P$$

（2）负载三角形联结时，有

$$U_{\mathrm{L}} = U_{\mathrm{P}}, \quad I_{\mathrm{L}} = \sqrt{3}\, I_{\mathrm{P}}$$

因此

$$P = 3U_{\mathrm{P}}I_{\mathrm{P}}\cos\varphi_{\mathrm{P}} = \sqrt{3}U_{\mathrm{L}}I_{\mathrm{L}}\cos\varphi_{\mathrm{P}}, \quad Q = 3U_{\mathrm{P}}I_{\mathrm{P}}\sin\varphi_{\mathrm{P}} = \sqrt{3}U_{\mathrm{L}}I_{\mathrm{L}}\sin\varphi_{\mathrm{P}} \quad (5.4.3)$$

进而可得电路总的视在功率为

$$S = \sqrt{P^2 + Q^2} = 3\,U_{\mathrm{P}}I_{\mathrm{P}} = \sqrt{3}\,U_{\mathrm{L}}I_{\mathrm{L}} \quad (5.4.4)$$

U_{P}和I_{P}指负载相电压和负载相电流。U_{L}和I_{L}指负载线电压和负载线电流。负载星形或三角形联结时，电源线电压和负载线电压均相等，因此U_{L}也指电源线电压。当电路中仅有一个三相负载时，电源线电流和负载线电流相等，此时U_{L}和I_{L}可认为是电源线电压和电源线电流。

需要说明的是，交流电路中电压和电流一般指"线电压""线电流"的"有效值"。

【例 5.4.1】　电路如图 5.4.1 所示，电源电压为 380 V。有两个三相对称负载，一个采用星形联结，负载均为电阻元件，消耗功率为 10 kW；另一个采用三角形联结，负载阻抗角为 45°，消耗功率为 30 kW。求电源线电流。

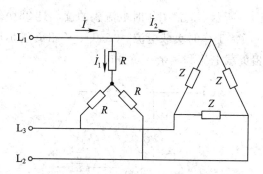

图 5.4.1　例 5.4.1 的电路

解　将两个三相对称负载看成整体进行求解。第一个三相对称负载为电阻元件，因此其无功功率$Q_1 = 0$。第二个负载阻抗角为 45°，因此其无功功率与有功功率数值相同。

$$P_2 = 30 \text{ kW}, \quad Q_2 = 30 \text{ kvar}$$

则电路输出的总的有功功率和无功功率为

$$P = P_1 + P_2 = 10 + 30 = 40 \text{ kW}$$
$$Q = Q_1 + Q_2 = 0 + 30 = 30 \text{ kvar}$$

电路总的视在功率为

$$S = \sqrt{P^2 + Q^2} = 50 \text{ kV} \cdot \text{A}$$

可求得电源线电流为

$$I_{\mathrm{L}} = \frac{S}{\sqrt{3}U_{\mathrm{L}}} = \frac{50 \times 10^3}{\sqrt{3} \times 380} = 76 \text{ A}$$

本题还可采用以下方法求解，读者可自行尝试。

根据公式

$$P = \sqrt{3}U_{\mathrm{L}}I_{\mathrm{L}}\cos\varphi_{\mathrm{P}}$$

可求得负载线电流I_1和I_2。设电源线电压$\dot{U} = 380\angle 0°$，则

$$\dot I_1 = I_1 \angle -30°, \qquad \dot I_2 = I_2 \angle -75°$$

由 $\dot I = \dot I_1 + \dot I_2$，可求得电源线电流。

第 10 课

《专题探讨》

【专 5.1】 某居民区包含三个区域，分别为西区、东区、中区。某一区域发生故障，西区和东区所有电灯都突然暗下来，而中区电灯亮度不变，试问这是什么原因？区域的电灯是如何连接的？同时发现，西区的电灯比东区的电灯还暗些，这又是什么原因？

【专 5.2】 三相四线制供电时，如何选取三相负载的连接方式？

《三题练习》

【练 5.1】 已知三相负载对称，负载阻抗 $Z = 190 + j190\ \Omega$，额定电压为 380 V，将该三相负载接到线电压为 380 V 的三相电源上，则三相负载如何连接？三相负载消耗的总功率是多少？

【练 5.2】 电路如图 1 所示，正常工作时电流表的读数是 26 A，电压表读数是 380 V，电源电压对称。求：(1) 正常工作时负载电流；(2) U、V 相负载断开后，其余相负载电流；(3) U 相断开后，WV 相负载电流和其余相负载电流。

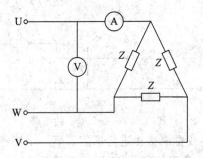

图 1 练 5.2 的电路

【练 5.3】 某大楼为日光灯和白炽灯混合照明，三相四线制电源电压为 380/220 V。需装 40 W 日光灯 210 盏($\cos\varphi_1 = 0.5$)，60 W 白炽灯 90 盏($\cos\varphi_2 = 1$)，额定电压均为 220 V。分配其负载并指出应如何接入电源，同时计算电路的电流与功率。

《项目应用》

某高校五号教学楼共六层，三相四线制电源电压为 380/220 V。一到五层每层有 2 个大教室，每个教室有 20 盏灯，每盏灯额定功率为 60 W；有 10 个小教室，每个教室有 10 盏灯，每盏灯额定功率为 60 W。第六层有 4 个大教室，每个教室有 18 盏灯，每盏灯额定功率为 100 W；6 个小教室，每个教室有 6 盏灯，每盏灯额定功率为 40 W。假设所有的灯功率因数均为 1，试设计供电路，并绘制接线图(需有简易开关)，分析功率情况及电流情况。

第 二 部 分

电机及其控制

变 压 器

电机是通过电磁感应原理实现能量转换或信号传递的电气设备或机电元件。按其运动方式可将电机分为旋转电机、静止电机、直线电机。变压器属于静止电机，其作用是将一种电压、电流的交流电能转换为同频率且具有另一种电压、电流的交流电能。

大功率的电能进行远距离输送，采用低电压来传输是不现实的。因为一方面大电流在输电线路上传送会产生较大的功率损耗；另一方面，大电流还将在输电线上引起较大的电压降落，致使电能无法正常输送。为此，需要通过变压器将发电机的端电压升高，传送至用户端后再将电压降低。综上所述，变压器在电力系统中十分重要，同时，变压器也广泛应用于生产生活中。

能力要素

（1）掌握变压器的基本结构与工作原理。

（2）能够对变压器的变比进行计算，能够通过变比对变压器的电压、电流、阻抗变换进行相应的计算。

（3）能够识别变压器铭牌数据，并根据变压器容量进行简单的带负载运算。

知识结构

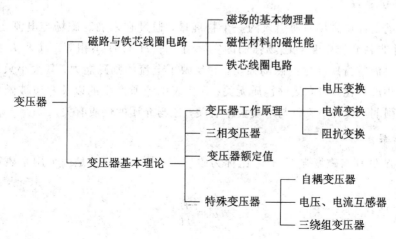

实践衔接

调研现有变压器，观察其外形，了解其参数和作用。

第 11 课

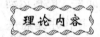 导学导课

变压器要进行电能转换必须以磁场作为介质，而变压器内部磁场是由电流激励铁芯线圈电路而来的。因此，要想了解变压器的原理，必须理解磁路的相关物理量和铁芯线圈电路。

理论内容

6.1　磁路与铁芯线圈电路

6.1.1　磁场的基本物理量

在对磁场进行分析和计算时，常用到以下物理量。

1. 磁感应强度 B

磁感应强度是描述介质中实际的磁场强弱和方向的物理量。它是一个矢量，用 B 表示。它与电流（电流产生磁场）之间的方向关系可用右手螺旋定则来确定。

2. 磁通 Φ

磁场中穿过某一截面积 A 的磁感线数称为通过该面积的磁通，用 Φ 表示，即

$$\Phi = BA \qquad\qquad (6.1.1)$$

3. 磁场强度 H

磁场强度是计算磁场时所引入的一个物理量，通过它来确定磁场与电流之间的关系，其数值 H 并非磁介质中某点磁场强弱的实际值，即 H 与 B 不相等。H 和 B 的主要区别是：H 代表电流本身所产生的磁场强弱，它反映了电流的励磁能力，其大小只与产生该磁场的电流大小成正比，与介质的性质无关；B 代表电流所产生的以及介质被磁化后所产生的总的磁场强弱，其大小不仅与电流大小有关，还与介质的性质有关。

4. 磁导率 μ

磁感应强度 B 与磁场强度 H 之比称为磁导率，用 μ 表示，是一个用来表征物质导磁能力的物理量。

$$\mu = \frac{B}{H} \qquad\qquad (6.1.2)$$

由实验测得,真空磁导率是一个常数

$$\mu_0 = 4\pi \times 10^{-7} \text{ H/m}$$

所以经常将其他物质的磁导率与之比较。物质根据磁导率的不同,大体分为两大类:磁性材料和非磁性材料。非磁性材料又称为非铁磁物质,其磁导率近似等于真空磁导率。磁性材料又称铁磁材料,主要指铁、钴、镍及其合金。如硅钢片的磁导率约为真空磁导率的6000～7000 倍,坡莫合金的磁导率可以达到真空磁导率的几万倍。

6.1.2 磁性材料的磁性能

1. 高导磁性

磁性材料的磁导率很高。由于高导磁性,在具有铁芯的线圈中通入较小的励磁电流,便可产生足够大的磁通和磁感应强度,因而磁性材料被广泛地应用于变压器和电机中。如图 6.1.1 所示,在磁性材料制成的铁芯上缠绕线圈,形成铁芯线圈电路,给线圈通电,进而产生磁通。磁通大部分经铁芯而闭合,形成主磁通 Φ;小部分经磁导率较低的空气等非磁性物质闭合,形成漏磁通 Φ_σ,这里把磁通经过的路径称为磁路。

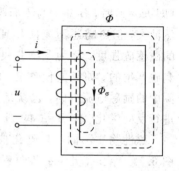

图 6.1.1 铁芯线圈与磁路

2. 磁饱和性

将磁性材料放入磁场强度为 H 的磁场(通常由线圈的励磁电流产生)内,会受到强烈的磁化。当磁场强度 H 由零开始逐渐上升,磁感应强度 B 从零逐渐变化的过程如图 6.1.2 所示,这条曲线称为磁化曲线。

宏观物体内部一般总是存在很多杂乱无章类似于小磁铁一样的磁畴。如图 6.1.3(a)所示,在没有外磁场时,磁畴之间的作用力相互抵消,对外不显磁性。但是,在外磁场作用下,如图 6.1.3(b)所示,由于大量的磁畴开始沿着外磁场的

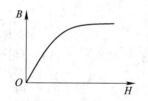

图 6.1.2 初始磁化曲线

方向顺序排列,从而叠加产生附加磁场,此刻磁感应强度 B 与磁场强度 H 成正比增加;随着外磁场强度 H 增加到一定值时,由于铁磁物质内部只剩下少数未按外磁场方向顺序排列的磁畴,导致 B 的增加速度变缓;最后,H 继续增加,铁磁物质几乎全部被磁化,B 几乎没有变化并且趋于饱和。这种现象称为磁饱和现象。

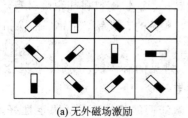

(a) 无外磁场激励   (b) 外磁场激励

图 6.1.3 铁磁物质的磁化

由于磁通 Φ 与 B 成正比，产生磁通的励磁电流 I 与 H 成正比，因此在磁性物质磁饱和的情况下，Φ 与 I 不成正比。

3. 磁滞性

磁性物质都有保留其磁性的倾向，因而 B 的变化总是滞后于 H 的变化，这种现象称为磁滞现象。如图 6.1.4 所示，当线圈中通入交流电流时，开始时铁芯中的 B 随 H 从零开始沿着初始磁化曲线增加，最后随着与电流成正比的 H 反复交变，B 将沿着闭合曲线变化，这样的闭合曲线称为磁滞回线。

从图 6.1.4 中可以看出，当线圈中的电流减为零值（即 $H=0$）时，B 并不为零而等于 B_r，这是因为外磁场虽然消失，但磁畴还不能恢复到原来的状态，还保留一定的磁感应强度，称为剩磁强度，永久磁铁的磁性就是由剩磁产生的。如果要使铁芯的剩磁消失，通常可改变线圈中的励磁电流方向，也就是改变磁场强度 H 的方向来进行反向磁化。使 $B=0$ 的 H 值，称为矫顽力 H_c。

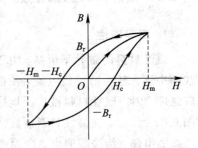

图 6.1.4　磁滞回线

磁性物质不同，其磁化曲线和磁滞回线也不相同，图 6.1.5 给出了几种磁性材料的磁化曲线。

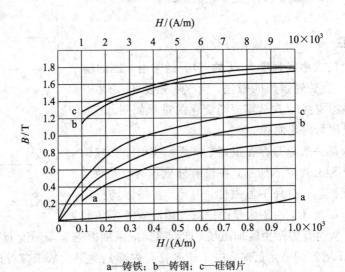

a—铸铁；b—铸钢；c—硅钢片

图 6.1.5　几种磁性材料的磁化曲线

按照磁性物质的磁性能，磁性材料又可分为硬磁材料、软磁材料和矩磁材料。

硬磁材料具有较大的矫顽磁力，磁滞回线较宽，常见的有碳钢、钴钢、铝镍钴合金等，常用来制造永久磁铁。

软磁材料具有较小的矫顽磁力，磁滞回线较窄，常见的有铸铁、硅钢、坡莫合金等，常用来制作电机及变压器铁芯，也可用作录音机的磁带等。

矩磁材料具有较小的矫顽磁力，较大的剩磁，磁滞回线接近矩形，稳定性好，常见的有镁锰铁氧体，常用来制作计算机和控制系统中的记忆元件、开关元件和逻辑元件等。

6.1.3 铁芯线圈电路

铁芯线圈电路分为直流铁芯线圈电路和交流铁芯线圈电路。直流铁芯线圈通过直流来励磁，产生的磁通是恒定的，在线圈和铁芯中不会感应出电动势，通常制作成利用电磁力来实现某一机械动作的电磁铁及相关电气控制装置。交流铁芯线圈通过交流来励磁，产生磁通是变化的，其电磁关系、电压关系、电流关系以及功率损耗等几个方面都和直流铁芯线圈有所区别，主要应用在变压器和交流电动机中。

如图 6.1.6 所示，当铁芯线圈两端加上交流电压 u 时，线圈中流过交流电流 i，产生交变的主磁通和漏磁通，主磁通产生主磁电动势 e，漏磁通产生漏磁电动势 e_σ，其关系表示如下：

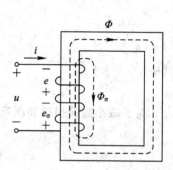

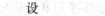

其中，N 指线圈匝数，Ni 指磁通势。

设

图 6.1.6 铁芯线圈交流电路

$$\Phi = \Phi_m \sin\omega t \qquad (6.1.3)$$

则

$$e = -N\frac{\mathrm{d}\Phi}{\mathrm{d}t} = -N\frac{\mathrm{d}}{\mathrm{d}t}(\Phi_m\sin\omega t) = -N\omega\Phi_m\cos\omega t$$

$$= 2\pi fN\Phi_m\sin(\omega t - 90°) = E_m\sin(\omega t - 90°) \qquad (6.1.4)$$

可见感应电动势 e 在相位上滞后于磁通 Φ 90°；在数值上，感应电动势的有效值为

$$E = \frac{E_m}{\sqrt{2}} = \frac{2\pi fN\Phi_m}{\sqrt{2}} = 4.44fN\Phi_m \qquad (6.1.5)$$

用相量表示为

$$\dot{E} = -\mathrm{j}4.44fN\dot{\Phi}_m$$

电流通过线圈时，还会产生少量的漏磁通 Φ_σ，可用一个理想的电感元件 L_σ 来代替它，那么其在交流电路中的电抗为

$$X_\sigma = \omega L_\sigma = 2\pi fL_\sigma \qquad (6.1.6)$$

称为漏电抗，简称漏抗。

此外，线圈中还有电阻 R，因此可将图 6.1.6 用图 6.1.7 所示的等效电路来表示。

根据 KVL，可得到铁芯线圈电路中电压和电流的关系如下：

$$\dot{U} = -\dot{E} + (R + \mathrm{j}X_\sigma)\dot{I} \qquad (6.1.7)$$

交流铁芯线圈电路中同样存在视在功率、有功功率和无功功率。其中有功功率包括两部分，一部分是线圈电阻上的功率损耗，称为铜损耗 P_{Cu}：

$$P_{Cu} = RI^2 \qquad (6.1.8)$$

另一部分是交变的磁通在铁芯中产生的功率损耗，称为铁损耗 P_{Fe}，铁损耗又包括磁滞损耗 P_h 和涡流损耗 P_e。即

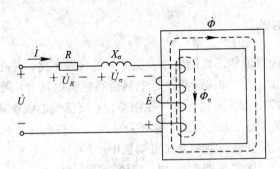

图 6.1.7　铁芯线圈等效电路

$$P = P_{Cu} + P_{Fe} \tag{6.1.9}$$

其中

$$P_{Fe} = P_h + P_e \tag{6.1.10}$$

为了减小磁滞损耗和涡流损耗，铁芯通常选用软磁材料制成的薄片叠装而成。

6.2　变压器工作原理

变压器一般由铁芯、高压绕组、低压绕组、外壳等几部分组成。变压器按照其结构分为心式变压器和壳式变压器。如图 6.2.1 和图 6.2.2 所示，心式变压器的特点是绕组包围铁芯，壳式变压器的特点是铁芯包围绕组。

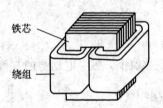

图 6.2.1　心式变压器

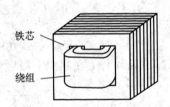

图 6.2.2　壳式变压器

图 6.2.3 为具有两个线圈的单相变压器示意图，为便于分析，将高压绕组和低压绕组分别画在两边，与电源相连的称为一次绕组（或称为一次侧、原边），与负载相连的称为二次绕组（或称为二次侧、副边），一次、二次绕组的匝数分别为 N_1 和 N_2。

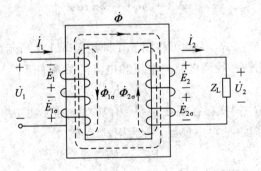

图 6.2.3　单相变压器原理结构图

6.2.1 电压变换

与铁芯线圈电路一样，当一次绕组两端加上交流电压 u_1 时，线圈中流过交流电流 i_1，在铁芯中产生既与一次绕组交链又与二次绕组交链的磁通 Φ_1，同时还会产生少量仅与一次绕组交链的漏磁通 $\Phi_{1\sigma}$，主磁通在一次绕组中产生感应电动势 e_1。

主磁通 Φ 除了在一次绕组中产生 e_1 外，同时也会在二次绕组中产生感应电动势 e_2。那么二次绕组中就有电流 i_2 通过，同样会产生磁通，包括既与一次绕组交链又与二次绕组交链的磁通 Φ_2 和仅与二次绕组交链的漏磁通 $\Phi_{2\sigma}$。

此时，铁芯中的磁通是由一次绕组的磁通 Φ_1、二次绕组的磁通 Φ_2 共同作用产生的合成磁通 Φ。上述电磁关系可表示如下：

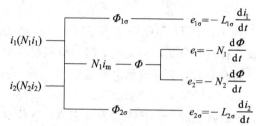

根据一次、二次绕组电压和电流之间的关系可得变压器等效电路如图 6.2.4 所示。

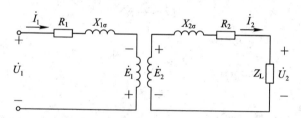

图 6.2.4 变压器等效电路

一次绕组就是铁芯线圈电路，由式（6.1.7）可得到变压器一次绕组电路中电压和电流的关系为

$$\dot{U}_1 = -\dot{E}_1 + (R_1 + jX_{1\sigma})\dot{I}_1 \tag{6.2.1}$$

式中，R_1、$X_{1\sigma}$ 是一次绕组的电阻和漏电抗。

由于一次绕组的电阻和漏电抗较小，它们两端的电压相较于主磁通在一次绕组所产生的感应电动势，常可以忽略不计，因此

$$\dot{U}_1 \approx -\dot{E}_1 \tag{6.2.2}$$

进而由式（6.1.5）可得

$$U_1 \approx E_1 = 4.44 f N_1 \Phi_m \tag{6.2.3}$$

同理，二次绕组电路中电压和电流的关系为

$$\dot{U}_2 = \dot{E}_2 - (R_2 + jX_{2\sigma})\dot{I}_2 \tag{6.2.4}$$

式中，R_2、$X_{2\sigma}$ 是二次绕组的电阻和漏电抗。其中

$$E_2 = 4.44 f N_2 \Phi_m \tag{6.2.5}$$

当变压器空载时

$$I_2 = 0, \quad E_2 = U_{20}$$

式中，U_{20}是空载时二次绕组的端电压。

从式(6.2.3)和式(6.2.5)可见，由于一、二次绕组的匝数 N_1 和 N_2 不相等，故 E_1 和 E_2 的大小是不等的，因而输入电压 U_1（电源电压）与输出电压 U_{20}（空载电压）及 U_2（负载电压）的大小也是不等的。

一、二次绕组电压之比

$$\frac{U_1}{U_{20}} \approx \frac{E_1}{E_2} = \frac{N_1}{N_2} = k \tag{6.2.6}$$

式中，k 称为变压器的变比，即一、二次绕组的匝数比。可见，当电源电压 U_1 一定时，只要改变匝数比，就可得到不同的空载电压 U_{20}，当有负载时，负载电压 U_2 也随之变化。

6.2.2　电流变换

由式(6.2.3)可知，当电源电压 U_1 和频率 f 不变时，E_1 和 Φ_{m} 近于常数，即铁芯中的主磁通最大值在变压器空载或有载时是基本恒定的。假设空载励磁电流为 i_0，空载时主磁通是由磁通势 $N_1 i_0$ 产生的；而有载时，主磁通是由磁通势 $N_1 i_1$ 和 $N_2 i_2$ 共同作用产生的，则

$$N_1 \dot{I}_1 + N_2 \dot{I}_2 = N_1 \dot{I}_0$$

变压器的空载电流 i_0 是励磁用的。由于铁芯磁导率高，空载电流很小，约占一次绕组额定电流的 10% 以内，通常可以忽略。则

$$N_1 \dot{I}_1 \approx - N_2 \dot{I}_2$$

即

$$\frac{I_1}{I_2} \approx \frac{N_2}{N_1} = \frac{1}{k} \tag{6.2.7}$$

6.2.3　阻抗变换

前述变压器能起到电压、电流变换作用，它还有变换负载阻抗的作用，以实现"匹配"。图 6.2.5(a)中，负载阻抗模 $|Z|$ 接在变压器二次侧，而图中的虚线部分可以用一个阻抗模 $|Z'|$ 来等效代替，如图 6.2.5(b)所示。所谓等效，就是输入电路的电压、电流、功率不变，即直接接在电源上的阻抗模 $|Z|$ 和接在变压器二次侧的阻抗模 $|Z'|$ 是等效的。即

$$|Z'| = \frac{U_1}{I_1} = \frac{kU_2}{\frac{I_2}{k}} = k^2 \frac{U_2}{I_2} = k^2 |Z| \tag{6.2.8}$$

因此变压器一次侧的等效阻抗模 $|Z'|$ 为二次侧所带负载的阻抗模 $|Z|$ 的 k^2 倍。在电子

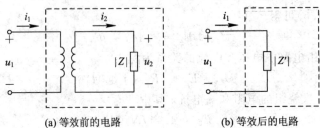

(a) 等效前的电路　　　　　　　(b) 等效后的电路

图 6.2.5　阻抗等效

技术中,经常利用变压器的这一阻抗变换作用来实现"阻抗匹配"。

【**例 6.2.2**】 一只电阻 R_L 为 8 Ω 的扬声器(喇叭),需要将电阻提高到 72 Ω 才可以接入半导体收音机的输出端,试问变比多大的变压器才能实现这一阻抗匹配。

解 由题可知

$$|Z'| = k^2 R_L = 72 \ \Omega$$

则

$$k = \sqrt{\frac{|Z'|}{R_L}} = \sqrt{\frac{72}{8}} = 3$$

6.3 三相变压器

变换三相电压的变压器称为三相变压器,按照变换方式的不同,三相变压器分为三相组式变压器和三相心式变压器。

三相组式变压器结构如图 6.3.1 所示,它由三个完全相同的单相变压器组成,又称为三相变压器组。

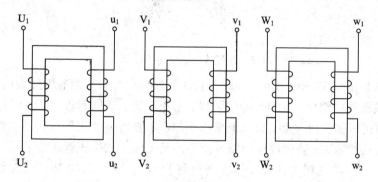

图 6.3.1 三相组式变压器结构示意图

三相心式变压器的结构如图 6.3.2 所示,它有三根铁芯柱,每根铁芯柱绕着属于同一相的高压绕组和低压绕组,又称为三铁芯柱式三相变压器。

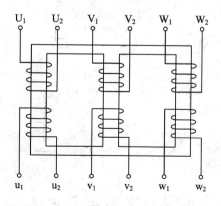

图 6.3.2 三相心式变压器结构示意图

工作时,将三相变压器的三个高压绕组 U_1U_2、V_1V_2、W_1W_2 和三个低压绕组 u_1u_2、v_1

v₂、w₁w₂分别连接成星形或三角形，然后一次侧接三相电源，二次侧接三相负载。

图 6.3.3 所示为一台油浸式三相电力变压器，从图上可以看出它的大体结构由铁芯、线圈、油箱、高压套管、低压套管、储油柜等几部分组成。

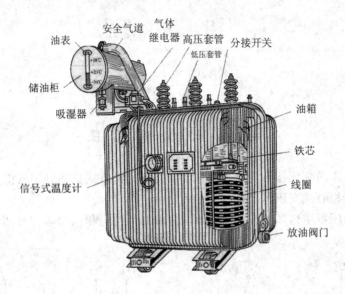

图 6.3.3　油浸式三相电力变压器构造图

铁芯通常是由 0.35 mm 或 0.5 mm 并且两面涂有绝缘材料的硅钢片叠压而成。线圈用绝缘扁导线或圆导线绕成。油箱和冷却装置、高压套管、低压套管、储油柜等，起到散热、防潮、绝缘和调压等作用。为了加强绝缘和冷却，一般电力变压器的铁芯和线圈都浸入变压器油中，而针对防火、防爆等应用场合使用的是无油干式变压器。

【例 6.3.1】　某三相变压器，一次绕组每相匝数 $N_1=1200$ 匝，二次绕组每相匝数 $N_2=80$ 匝，若一次绕组加线电压 $U_{1L}=3300$ V。当变压器一次绕组接成星形，二次绕组接成三角形时，求二次绕组的线电压和相电压。

解　变压器三个一次绕组接成星形，其 $U_{1L}=3300$ V，则相电压

$$U_{1P}=\frac{U_{1L}}{\sqrt{3}}$$

又因为

$$k=\frac{N_1}{N_2}=\frac{1200}{80}=15$$

则

$$U_{2L}=U_{2P}=\frac{U_{1P}}{k}=\frac{U_{1L}}{k\sqrt{3}}=127 \text{ V}$$

6.4　变压器额定值

变压器的额定值，又称铭牌值，是指变压器制造厂在设计、制造时给变压器正常运行

所规定的数据,说明了变压器的正常工作条件。

1. 额定电压 U_{1N}/U_{2N}

U_{1N} 是指变压器正常运行时电源加到一次侧的额定电压;U_{2N} 是指变压器一次侧加上额定电压后,变压器处于空载状态时二次侧的电压,单位为 V 或者 kV。在三相变压器中,额定电压均指线电压。

2. 额定电流 I_{1N}/I_{2N}

I_{1N}、I_{2N} 是指变压器在正常运行时一次侧、二次侧的额定电流,单位为 A 或者 kA。在三相变压器中,额定电流均指线电流。

3. 额定容量 S_N

S_N 表示变压器二次侧的额定视在功率,单位为 V・A 或者 kV・A(容量更大时也用 MV・A)。

$$S_N = U_{2N} I_{2N}$$

对于三相变压器,有

$$S_N = \sqrt{3} U_{2N} I_{2N}$$

通常一次侧的额定视在功率设计的与二次侧相同。

4. 效率 η

和交流铁芯线圈电路一样,变压器的功率损耗包括绕组上的铜损耗 P_{Cu} 和铁芯上的铁损耗 P_{Fe} 两部分。这里用变压器输出的有功功率 P_2 与输入有功功率 P_1 的百分比表示变压器的效率 η,即

$$\eta = \frac{P_2}{P_1} \times 100\% = \frac{P_2}{P_2 + P_{Fe} + P_{Cu}} \times 100\%$$

变压器属于静止电机,没有转动部分,故效率较高。

5. 额定频率 f_N

额定频率的单位为 Hz,我国一般采用 50 Hz。

此外,铭牌上还记载着相数、型号、运行方式、冷却方式、重量等。例如 SFP7 - 360000/220 型电力变压器,S 指三相变压器;F 指风冷却;P 指强迫油循环;7 指第七次改型设计;360000 指该变压器额定容量为 360 MV・A(即 360 000 kV・A);220 指该变压器高压侧额定电压为 220 kV。

【例 6.4.1】 某变压器容量为 10 kV・A,铁损耗为 300 W,满载时铜损耗为 400 W,求该变压器在满载情况下向功率因数为 0.8 的负载供电时输入和输出的有功功率和效率。

解 由题可知

$$P_2 = S_N \cos\varphi_2 = 10 \times 10^3 \times 0.8 = 8 \text{ kW}$$
$$P_1 = P_2 + P_{Fe} + P_{Cu} = 8000 + 400 + 300 = 8.7 \text{ kW}$$
$$\eta = \frac{P_2}{P_1} \times 100\% = \frac{8}{8.7} \times 100\% = 91.95\%$$

6.5 特殊变压器

6.5.1 自耦变压器

高、低压绕组中有一部分是公共绕组的变压器称为自耦变压器，自耦变压器可以看作双绕组变压器的一种特殊连接。图 6.5.1 所示为自耦变压器的结构，一次绕组匝数为 N_{ab}，二次绕组匝数为 N_{bc}。

自耦变压器仍满足电压、电流和变比的关系。

$$\frac{U_1}{U_2} = \frac{N_{ab}}{N_{bc}} = k, \qquad \frac{I_1}{I_2} \approx \frac{N_{bc}}{N_{ab}} = \frac{1}{k}$$

实验室中常见的调压器就是一种可以实现电压调节的自耦变压器，可以通过手柄改变滑动触点的位置以改变二次绕组的匝数，即可调节输出电压的数值。需要说明的是，自耦变压器一次侧和二次侧不可以对调使用，即二次侧不能接入电源。

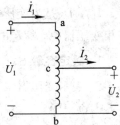

图 6.5.1 自耦变压器

6.5.2 仪用互感器

通过仪用互感器可以实现高低压隔离，从而保护工作人员安全。仪用互感器分为电压互感器和电流互感器两类。

1. 电压互感器

电压互感器实现用低量程的电压表测量高电压，如图 6.5.2 所示，高压绕组作为一次绕组与被测电路并联，低压绕组作为二次绕组接电压表。需要注意的是，电压互感器二次绕组不能短路，否则将产生较大的电流。

2. 电流互感器

电流互感器实现用低量程的电流表测量大电流，如图 6.5.3 所示，低压绕组作为一次绕组与被测电路串联，高压绕组作为二次绕组接电流表。需要注意的是，电流互感器二次绕组不能开路，否则将产生很大的电动势。

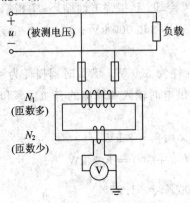

图 6.5.2 电压互感器

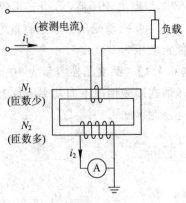

图 6.5.3 电流互感器

6.5.3　三绕组变压器

具有三个绕组和三个电压等级的变压器称为三绕组变压器。其原理如图 6.5.4 所示，当一个绕组接入电源后，另外两个绕组就感应出不同的电动势。这种变压器用于需要两种不同电压等级的负载，这样就可以用一台三绕组变压器来替代原有的两台双绕组变压器，以达到减少设备、降低成本的目的。

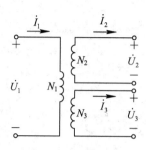

图 6.5.4　三绕组变压器

各绕组间电压关系为

$$\frac{U_1}{U_2}=\frac{N_1}{N_2}=k_{12}, \qquad \frac{U_1}{U_3}=\frac{N_1}{N_3}=k_{13}, \qquad \frac{U_2}{U_3}=\frac{N_2}{N_3}=k_{23}$$

式中，N_1、N_2 和 N_3 是三个绕组的匝数；k_{12}、k_{13} 和 k_{23} 是各绕组之间的变比。

《专题探讨》

【专 6.1】 电源变压器如图 1 所示，一次绕组有 360 匝，接 220 V 电压，二次绕组有两个：一个电压 36 V，负载 36 W；一个电压 12 V，负载 24 W，两个都是纯电阻负载。(1)用变比求解一次绕组电流 I_1 和两个二次绕组的匝数；(2)尝试采用功率平衡的方法计算 I_1，比较两种方法计算的结果是否相同，为什么？

第 11 课

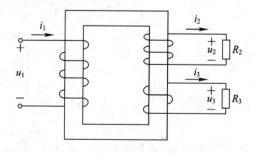

图 1　专 6.1 的电路

《三题练习》

【练 6.1】 已知一台单相变压器的额定容量 $S_N=100$ V・A，$U_{1N}/U_{2N}=220/36$ V，$N_1=1600$。试求变压器的：(1)绕组匝数之比；(2)二次绕组匝数；(3)额定电流。

【练6.2】　某收音机的输出变压器，一次绕组匝数为240，二次绕组匝数为80，原接8 Ω 的扬声器，现改用 4 Ω 的扬声器，试问二次绕组匝数应变为多少？

【练6.3】　一台容量为 10 kV·A 的单相照明变压器，额定电压为 3300/220 V，请问能够正常供应 220 V、40 W 的白炽灯多少盏？如果改用 220 V、40 W、功率因数为 0.5 的日光灯后，能正常供应多少盏？

三相异步电动机

　　电动机是一种将电能转换为机械能的电气设备。在现代工业生产中，大多数生产机械都采用电动机作为原动机完成相应的生产任务。

　　电动机按使用电能种类的不同，分为直流电动机和交流电动机两大类。交流电动机又分为异步电动机（又称感应电动机）和同步电动机。由于交流电源应用广泛，因此在生产、生活中主要使用交流电动机，特别是三相异步电动机。三相异步电动机具有结构简单、坚固耐用、运行可靠、维修方便等优点，是诸多领域应用最广泛的一种电动机。

能力要素

　　(1) 掌握三相异步电动机的结构、工作原理，能够根据转差率求解相关数值。

　　(2) 掌握三相异步电动机运行原理，理解启动转矩、额定转矩和最大转矩的物理意义。

　　(3) 能够对三相异步电动机的铭牌数据进行分析与计算。

　　(4) 了解启动、调速和制动，能够对三相异步电动机的启动方法进行选择。

　　(5) 能够根据负载情况，对三相异步电动机进行一定程度的选择。

知识结构

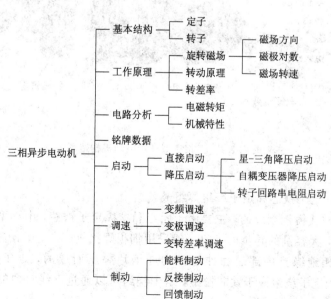

（1）调研直流电动机、交流电动机、控制电机，观察其外形，了解其参数和作用。

（2）完成本模块的项目应用。

第 12 课

《导学导课》

　　学习和分析三相异步电动机，首先了解其基本结构和主要部件的功能，在讨论三相交流电通入电动机所产生的旋转磁场的基础上，分析三相异步电动机转动原理，并对其基本理论进行介绍和论述。

《理论内容》

7.1　三相异步电动机的结构

　　三相异步电动机的结构主要包括以下两个部分：静止部分——定子；转动部分——转子。定子与转子之间有一个很小的间隙，称为气隙。图 7.1.1 所示是三相笼型异步电动机构造图。

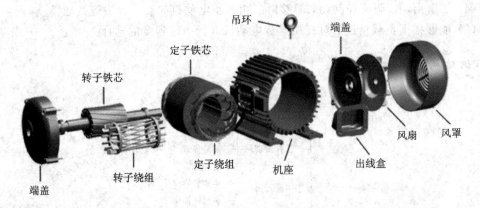

图 7.1.1　三相笼型异步电动机构造图

1. 定子

定子由机座、定子铁芯和定子绕组等组成。

　　机座是用铸铁或铸钢制成的，主要用于固定和支撑定子铁芯，中小型异步电动机一般都采用铸铁机座，大容量的异步电动机一般采用钢板焊接机座。定子铁芯是电机磁路的一部分，它是由互相绝缘且内部表面冲有槽的硅钢片叠压而成的，定子铁芯硅钢片如图7.1.2 所示。三相定子绕组嵌于铁芯槽中，定子绕组可以通过出线盒内的接线柱连接成星形或者三角形，如图 7.1.3 所示。

2. 转子

转子是电动机的旋转部分，由转子铁芯、转子绕组和转子轴（转轴）等组成。转子铁芯一般采用外圆冲有槽的硅钢片叠成，槽用于嵌放导条或绕组。铁芯装在转子轴上，轴输出机械转矩。

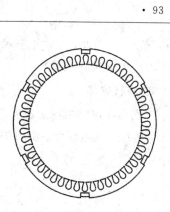

图 7.1.2　定子铁芯硅钢片

转子根据结构不同分为笼型转子和绕线型转子，如图 7.1.4 所示。笼型转子在铁芯槽内放置导条（铜条或铝条），导条端部用短路环连成一体，形成转子绕组。使用笼型转子的电动机称为笼型异步电动机，具有结构简单、价格低廉、工作可靠的特点。

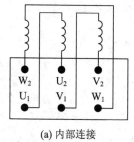

(a) 内部连接

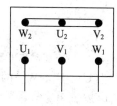

(b) 星形联结

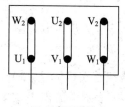

(c) 三角形联结

图 7.1.3　接线柱的连接

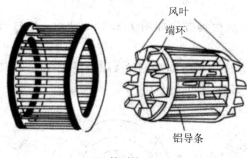

(a) 笼型转子

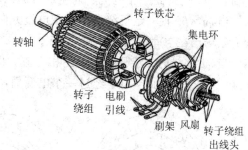

(b) 绕线型转子

图 7.1.4　转子结构

绕线型转子的绕组是三相的，每相始端连接在三个独立并且相互绝缘的集电环上，集电环固定在转轴上，通过弹簧将碳质电刷紧压在集电环表面，启动电阻和调速电阻可以借助电刷和集电环与转子绕组连接起来。使用绕线型转子的电动机称为绕线型异步电动机。与笼型异步电动机不同的是，绕线型异步电动机结构复杂、价格较贵、维护工作量大，但可外加电阻从而人为改变电动机的特性。

7.2　三相异步电动机的工作原理

电动机都是通过电与磁的相互转化和互相作用而工作的。三相异步电动机则是利用三相电流通过三相绕组产生旋转磁场，磁场作用于转子绕组有效边产生电磁转矩，从而使电动机转动的。因此，在讨论三相异步电动机工作原理之前，首先要了解定子绕组在电源作用下所产生的旋转磁场。

1. 旋转磁场

三相异步电动机的定子铁芯对称放置三相绕组 U_1U_2、V_1V_2，W_1W_2。将三相绕组接成星形，接在三相电源上，绕组中便产生三相对称电流，如图 7.2.1 所示。

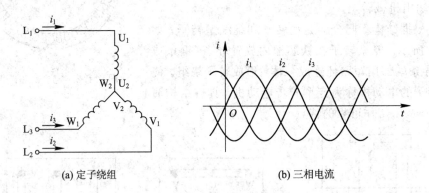

(a) 定子绕组　　　　　　　　　　(b) 三相电流

图 7.2.1　三相对称电流

取绕组首端（U_1、V_1、W_1）到尾端（U_2、V_2、W_2）的方向为电流的参考方向，如图7.2.2所示。"×"表示电流流入，"·"表示电流流出。

当 $\omega t = 0°$ 时，如图 7.2.2(a) 所示，$i_1=0$；i_2 为负，电流从尾端 V_2 流向首端 V_1；i_3 为正，电流从首端 W_1 流向尾端 W_2。由右手螺旋定则可知其磁场环绕方向，将每相电流所产生的磁场叠加，便得到三相电流所产生的合成磁场。

当 $\omega t = 60°$ 时，定子绕组中三相电流方向与合成磁场方向如图 7.2.2(b) 所示，这时的合成磁场已在空间上顺时针转过 60°。

当 $\omega t = 90°$ 时，定子绕组中三相电流方向与合成磁场方向如图 7.2.2(c) 所示，这时磁场旋转了 90°。由此可知，经过一个电源周期，磁场在空间转过 360°。

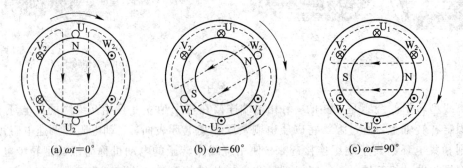

(a) $\omega t=0°$　　　　　　(b) $\omega t=60°$　　　　　　(c) $\omega t=90°$

图 7.2.2　定子绕组通三相电流产生旋转磁场（$p=1$）

因此只要给三相异步电动机定子绕组接通三相交流电，就会产生旋转磁场。

2. 旋转磁场的旋转方向

旋转磁场的旋转方向取决于三相电流的相序，即通电相序决定了旋转磁场的转向。任意调换两根电源进线，则旋转磁场反转。如图 7.2.3 所示，W 相和 V 相的电源进线进行了调换，显然，从图 7.2.4 可以看出，旋转磁场反向。

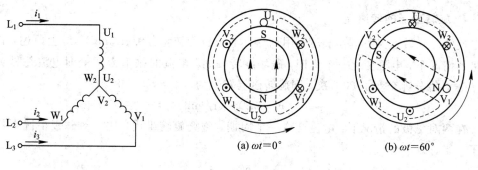

图 7.2.3 改变相序

(a) $\omega t = 0°$ (b) $\omega t = 60°$

图 7.2.4 旋转磁场反向

3. 旋转磁场的极对数 p

旋转磁场的极对数是指其磁极对数。旋转磁场的极对数与三相绕组的线圈个数和空间位置有关。图 7.2.2 中每相绕组只有一个线圈，绕组首端在空间上相差 120°，则产生的旋转磁场具有一对磁极，即 $p=1$。

若将原有的三相对称绕组的每相绕组改由两个线圈串联，如图 7.2.5 所示。将绕组放置于定子铁芯槽内，绕组的首端在空间上相差 60°，将形成两对磁极的旋转磁场，即 $p=2$，如图 7.2.6 所示，当电流相位变化 60°时，磁场旋转了 30°，可见当极对数增大一倍时，旋转磁场转速下降一半。

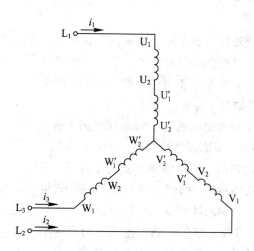

图 7.2.5 定子绕组

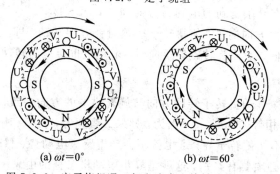

(a) $\omega t = 0°$ (b) $\omega t = 60°$

图 7.2.6 定子绕组通三相电流产生旋转磁场($p=2$)

4. 旋转磁场的转速 n_0

旋转磁场转速又称同步转速,用 n_0 表示,单位为转每分钟(r/min)。综上所述,在一对磁极的情况下,电流变化一个周期,磁场旋转一周。电流的频率为 f_1,即电流每秒钟交变了 f_1 次,每分钟交变了 $60f_1$ 次,则旋转磁场转速为

$$n_0 = 60f_1 \, (\text{r/min})$$

在两对磁极的情况下,电流交变一个周期,磁场旋转半周,比一对磁极情况下的转速慢了一半,即

$$n_0 = \frac{60f_1}{2} \, (\text{r/min})$$

以此类推,如果磁场具有 p 对磁极,则旋转磁场转速为

$$n_0 = \frac{60f_1}{p} \tag{7.2.1}$$

在我国,工频 $f_1 = 50 \text{ Hz}$,由式(7.2.1)可得出不同磁极对数对应的旋转磁场转速,见表 7.2.1。

表 7.2.1 不同磁极对数时的旋转磁场转速

p	1	2	3	4	5	6
n_0(r/min)	3000	1500	1000	750	600	500

5. 电动机的转动原理

定子绕组通入三相交流电,形成转速为 n_0 的旋转磁场。旋转磁场切割此时尚未旋转的转子产生感应电动势,从而在自闭合的转子回路中产生感应电流,转子导条中的感应电流在磁场中受电磁力作用,产生电磁转矩,最终导致转子转动。

图 7.2.7 所示是三相异步电动机转子转动原理图,图中 N、S 表示旋转磁场的两极,下面以两根导条为例进行说明。

当磁场顺时针方向旋转时,其磁感线切割转子导条。为了分析方便,假设旋转磁场不动,则转子相对"静止磁场"按逆时针方向转动。由右手定则判断可知,N 极下方的导条产生由里向外的感应电流,S 极上方的导条产生由外向里的感应电流。该感应电流同时受到磁场的作用产生电磁力,由左手定则判断,N 极下方导条受到的电磁力方向向右,而 S 极上方导条受到的电磁力方向向左,使得转子按顺时针方向转动,即三相异步电动机转动方向和旋转磁场方向相同。而当旋转磁场反向时,电动机也会反向转动。

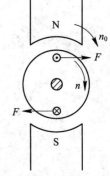

图 7.2.7 转子转动原理图

6. 转差率 s

由前面分析可知,电动机转子转动方向与旋转磁场的方向一致,但转子转速 n 不可能与旋转磁场的转速 n_0 相等,即 $n < n_0$。因为,如果二者相等,转子和旋转磁场之间就不存在相对运动,则磁感线不切割转子导条,也就不会产生感应电动势、感应电流。因此,转子转速与旋转磁场转速间必须要有差别,这就是异步电动机名称的由来。

用转差率 s 来表示转子转速 n 与磁场转速 n_0 相差的程度,即

$$s = \frac{n_0 - n}{n_0} \quad (7.2.2)$$

转差率是异步电动机的一个基本物理量，它可以表示电动机不同的运行状态。在电动机刚刚启动时，转子转速 $n = 0$，所以转差率 $s = 1$。假设所有阻力转矩（包括本身摩擦）全部为零，则电动机处于理想空载，此时，转子转速 $n = n_0$，转差率 $s = 0$。而当 s 很小时，表示转子转速与同步转速相近，通常三相异步电动机在额定负载时的转差率约为 $1\% \sim 9\%$。

【例 7.2.1】 一台三相异步电动机，其额定转速 $n = 975 \ \text{r/min}$，电源频率 $f_1 = 50 \ \text{Hz}$。试求电动机的极对数和额定负载下的转差率。

解 根据异步电动机转子转速与旋转磁场转速的关系可知：

$$n_0 = 1000 \ \text{r/min}$$

由表 7.2.1 得

$$p = 3$$

因此额定负载下的转差率为

$$s = \frac{n_0 - n}{n_0} = \frac{1000 - 975}{1000} \times 100\% = 2.5\%$$

【专 7.1】 一台正常工作的三相异步电动机，给定子绕组施加额定电压，假设转子卡住不转，此时电动机将会发生什么？

【专 7.2】 额定频率为 50 Hz 的三相异步电动机，若接在 60 Hz 的电源上，电动机将会发生什么？

第 12 课

【练 7.1】 如图 1 所示，试分析 $n_0 > n$、$n_0 < n$、$n_0 = n$、$n_0 = 0$、$n = 0$、$n_0 < 0$ 这几种情况下，转子绕组中的电流方向和受力方向。

【练 7.2】 一台三相异步电动机拖动某生产机械运行。当 $f_1 = 50 \ \text{Hz}$ 时，$n = 2930 \ \text{r/min}$，当 $f_1 = 40 \ \text{Hz}$ 和 60 Hz 时，转差率都为 0.035。求旋转磁场极对数和这两种频率时的转子转速。

【练 7.3】 一台三相异步电动机，额定电压下转速为 1470 r/min。在启动瞬间、转子转速为同步转速一半、转差率为 0.02 这三种情况下，试求：(1) 旋转磁场相对于定子的转速；(2) 旋转磁场相对于转子的转速。

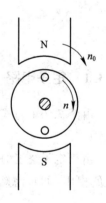

图 1 练 7.1 的图

第 13 课

导学导课

三相异步电动机之所以能够以一定转速拖动负载运转，是因为电磁转矩。电磁转矩是转子绕组的感应电流同旋转磁场相互作用产生的，其决定着电动机输出机械功率的大小，是三相异步电动机的重要物理量之一。而电磁转矩和转子转速是生产机械对电动机提出的两项基本指标，机械特性正是表征电动机轴上所产生的电磁转矩和相应的运行转速之间的关系。研究机械特性对满足生产机械工艺要求，充分使用电动机功率、合理设计控制和调速系统有着重要的意义。

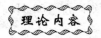

7.3　三相异步电动机的电路分析

相较于变压器，电动机的定子绕组相当于变压器的一次绕组，电动机的转子绕组相当于变压器的二次绕组，电动机电磁关系与变压器类似。结合图 6.2.4，可得三相异步电动机的单相电路如图 7.3.1 所示。R_1 和 $X_{1\sigma}$ 是定子每相绕组的电阻和漏电抗，E_{2s} 指转子转动时每相绕组的感应电动势，R_2 和 $X_{2\sigma s}$ 指转子转动时每相绕组的电阻和漏电抗。

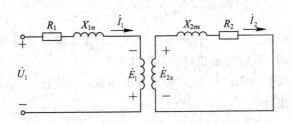

图 7.3.1　电动机每相绕组等效电路

7.3.1　定子电路

由图 7.3.1 与式(6.2.1)可得定子绕组电路中电压和电流的关系：
$$\dot{U}_1 = -\dot{E}_1 + (R_1 + jX_{1\sigma})\dot{I}_1 \tag{7.3.1}$$

由于定子绕组的电阻 R_1 和漏电抗 $X_{1\sigma}$ 较小，因而它们两端的电压也较小，与感应电动势 E_1 相比，可以忽略不计。于是
$$\dot{U}_1 \approx -\dot{E}_1$$

进而可得
$$U_1 \approx E_1 = 4.44 f_1 N_1 \Phi \tag{7.3.2}$$

式中，用 Φ 来表示通过电动机每相绕组的磁通最大值，在数值上等于旋转磁场的每极磁通，f_1 是 e_1 的频率。因为旋转磁场与定子的相对转速为 n_0，所以有
$$f_1 = \frac{pn_0}{60} \tag{7.3.3}$$

即等于电源或定子电流的频率。

7.3.2　转子电路

1. 转子频率 f_2

三相异步电动机的主磁通 Φ 以同步转速 n_0 旋转，而转子以转速 n 旋转，则电动机的主磁通便以 (n_0-n) 的相对转速切割转子绕组，于是转子中感应电动势和电流的频率为

$$f_2=\frac{p(n_0-n)}{60}=\frac{(n_0-n)}{n_0}\frac{pn_0}{60}=sf_1 \tag{7.3.4}$$

2. 转子电动势 E_{2s}

当转子转动时，转子每相绕组中产生感应电动势为

$$E_{2s}=4.44f_2N_2\Phi=4.44sf_1N_2\Phi \tag{7.3.5}$$

当堵转时，$n=0$、$s=1$，则转子每相绕组内的感应电动势为

$$E_2=4.44f_1N_2\Phi \tag{7.3.6}$$

由式(7.3.5)与式(7.3.6)可得

$$E_{2s}=sE_2 \tag{7.3.7}$$

式(7.3.7)说明，转动时转子绕组的感应电动势等于其堵转时的感应电动势乘以转差率 s。当转子堵转，即 $s=1$ 时，转子电动势 $E_{2s}=E_2$。

需要说明的是，转速为零一般包括两种情况，一种为正常启动时，一种为堵转时。堵转指由于电机负载过大、拖动的机械故障、轴承损坏等原因引起的电动机无法启动或停止转动的现象。

3. 转子漏电抗 $X_{2\sigma s}$

当转子转动时，每相绕组的漏电抗为

$$X_{2\sigma s}=2\pi f_2L_{2\sigma}=2\pi sf_1L_{2\sigma} \tag{7.3.8}$$

当堵转时，$n=0$、$s=1$，则每相绕组的漏电抗为

$$X_{2\sigma}=2\pi f_1L_{2\sigma} \tag{7.3.9}$$

由式(7.3.8)与式(7.3.9)可得

$$X_{2\sigma s}=sX_{2\sigma} \tag{7.3.10}$$

4. 转子电路的功率因数 $\cos\varphi_2$ **和电流** I_2

由图 7.3.1 可知，转子绕组电路中电压和电流的关系为

$$\dot{E}_{2s}=(R_2+jX_{2\sigma s})\dot{I}_2 \tag{7.3.11}$$

可得转子绕组电路功率因数为

$$\cos\varphi_2=\frac{R_2}{\sqrt{R_2^2+(sX_{2\sigma})^2}} \tag{7.3.12}$$

电流

$$\dot{I}_2=\frac{\dot{E}_{2s}}{R_2+jX_{2\sigma s}} \tag{7.3.13}$$

将式(7.3.13)上下同时除以转差率 s，则转子电流为

$$\dot{I}_2=\frac{\dot{E}_2}{\dfrac{R_2}{s}+jX_{2\sigma}} \tag{7.3.14}$$

式(7.3.13)与式(7.3.14)所表示的转子电流大小和相位都没有发生变化，但它们表示的物理意义却不相同。式(7.3.13)中感应电动势、漏电抗表示的是转子在旋转时刻的情况，而式(7.3.14)中感应电动势、漏电抗都对应堵转时刻的情况。由此可见，一台以转差率 s 转动的异步电动机可以用一台等效的堵转电动机(相当于变压器)来代替。

由式(7.3.14)可知，此刻转子绕组每相总电阻变为 $\dfrac{R_2}{s}=R_2+R_2\dfrac{1-s}{s}$，相当于在等效堵转的转子中串入电阻 $R_2\dfrac{1-s}{s}$。当转子旋转时，转子通过转轴输出机械功率，当转子堵转时，转轴不再输出功率，这部分功率转移到等效电阻 $R_2\dfrac{1-s}{s}$ 上，则 $R_2\dfrac{1-s}{s}$ 对应的是总的机械功率，电动机等效电路如图 7.3.2 所示。

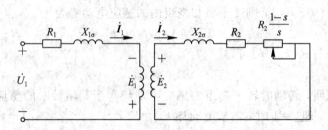

图 7.3.2　电动机每相绕组等效电路

7.4　三相异步电动机的电磁转矩与机械特性

1. 电磁转矩

根据功率、转矩、角速度之间的关系可得式(7.4.1)，P_ω 为轴上输出机械功率，对应 $R_2\dfrac{1-s}{s}$；P_M 为电磁功率，对应 $\dfrac{R_2}{s}$；ω 为转子角速度，对应转子转速 n；ω_1 是旋转磁场的角速度，对应旋转磁场转速 n_0。

$$T=\frac{P_\omega}{\omega}=\frac{3I_2^2\dfrac{(1-s)}{s}R_2}{\dfrac{2\pi n}{60}}=\frac{3I_2^2\dfrac{(1-s)}{s}R_2}{\dfrac{2\pi n_0}{60}(1-s)}=\frac{3I_2^2\dfrac{R_2}{s}}{\dfrac{2\pi n_0}{60}}=\frac{3I_2^2\dfrac{R_2}{s}}{\omega_1}$$

$$=\frac{P_M}{\omega_1}(\text{N}\cdot\text{m}) \tag{7.4.1}$$

进而可得

$$T=\frac{P_M}{\omega_1}=\frac{3E_2I_2\cos\varphi_2}{2\pi f_1/p}=\frac{3\times4.44f_1N_2\Phi I_2\cos\varphi_2}{2\pi f_1/p}$$

$$=T_M\Phi I_2\cos\varphi_2(\text{N}\cdot\text{m}) \tag{7.4.2}$$

式中，T_M 是一常数，它与电动机的结构有关。$\cos\varphi_2$ 是转子绕组电路的功率因数。

根据式(7.3.2)、式(7.3.12)和式(7.3.13)可知

$$\Phi=\frac{E_1}{4.44f_1N_1}\approx\frac{U_1}{4.44f_1N_1}$$

$$\cos\varphi_2 = \frac{R_2}{\sqrt{R_2^2 + (sX_{2\sigma})^2}}$$

$$I_2 = \frac{sE_2}{\sqrt{R_2^2 + (sX_{2\sigma})^2}} = \frac{s(4.44 f_1 N_2 \Phi)}{\sqrt{R_2^2 + (sX_{2\sigma})^2}}$$

将上述三式代入式(7.4.2)，得到关于 T 与 s 之间关系的另一表达式：

$$T = K \frac{sR_2 U_1^2}{R_2^2 + (sX_{2\sigma})^2} \tag{7.4.3}$$

式中，K 是一常数。

2. 机械特性曲线

由转矩公式(7.4.3)可得转矩与转差率的关系，图 7.4.1 所示为电动机转矩特性曲线，代入转差率计算公式可得到表征转矩和转速关系的机械特性，三相异步电动机机械特性曲线如图 7.4.2 所示。

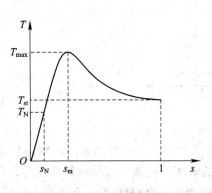 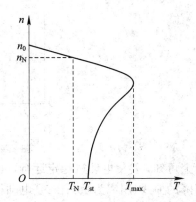

图 7.4.1　转矩特性曲线　　　　　　　图 7.4.2　机械特性曲线

（1）启动转矩 T_{st}。

启动时电动机转速 $n = 0$、$s = 1$，则其电磁转矩称为启动转矩 T_{st}。将 $s = 1$ 代入式(7.4.3)即可得出

$$T_{st} = K \frac{R_2 U_1^2}{R_2^2 + X_{2\sigma}^2} \tag{7.4.4}$$

由式(7.4.4)可见，启动转矩与电源电压及转子电阻等有关。当电源电压下降时，启动转矩会减小。当适当增大转子电阻时，启动转矩会增大。当启动转矩 T_{st} 大于负载所需要的转矩 T_L 时，电动机才能启动。T_{st} 较大时，电动机能重载启动；T_{st} 较小时，电动机只能轻载，甚至空载启动。因此，通常用启动转矩 T_{st} 和额定转矩 T_N 的比值来表征异步电动机的直接启动能力，称为启动系数，用 K_s 表示，即

$$K_s = \frac{T_{st}}{T_N} \tag{7.4.5}$$

一般三相异步电动机启动系数为 1.6～2.2。

（2）额定转矩 T_N。

额定转矩是指电动机带额定负载运行时的电磁转矩。它对应的转速、转差率为额定转速、额定转差率，分别用 n_N 和 s_N 表示。为保证电动机稳定运行，额定转矩点必须在 n_0 到

T_{max}所对应转速点之间的下降区域内,且该转矩小于启动转矩 T_{st}以便能带负载启动。

当电动机有载运行时,只有电磁转矩等于负载转矩才处于稳定运行状态。

当负载为 T_L时,电动机所产生的转矩与负载所需要的转矩相等,电动机以转速 n_1稳定运行于 a 点,当负载由 T_L变为 T_L'时,电动机在 a 点所产生的转矩小于负载转矩 T_L',出现拉不动的情况,转速会下降,工作点会沿着机械特性曲线下移直到 b 点,电动机所产生的转矩与负载转矩 T_L'再次相等,并以转速 n_2稳定运行,如图 7.4.3 所示。电动机的电磁转矩可以随负载的变化而自动调整,这种能力称为自适应负载能力。自适应负载能力是电动机区别于其他动力机械的重要特点(如:柴油机所带负载增加时,必须由操作者加大油门才能带动新的负载)。

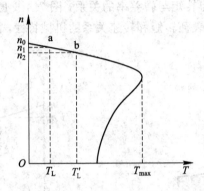

图 7.4.3　负载转矩变化

由上可知,要使电动机稳定运行,必须满足如下两点:一是电动机的机械特性曲线是一条下降的曲线(斜率为负);二是电动机所产生的转矩与负载所需要的转矩相等。在忽略空载阻转矩的情况下,为保持匀速运动,电动机所产生的电磁转矩 T 必须与负载转矩 T_L相等,功率采用 kW 为单位,则

$$T_L \approx T = \frac{P_\omega}{\frac{2\pi n}{60}} = 9550\frac{P_\omega}{n} \tag{7.4.6}$$

额定转矩也可以根据电动机铭牌上的额定功率和额定转速应用式(7.4.6)求得。

例如,某 Y132M-4 型普通机床的主轴电机额定功率为 7.5 kW,额定转速为 1440 r/min,则额定转矩为

$$T_N = 9550\frac{P_N}{n_N} = 9550\frac{7.5}{1440} = 49.7 \text{ N} \cdot \text{m}$$

(3) 最大转矩 T_{max}。

电动机最大转矩也称临界转矩。最大转矩对应的转差率用 s_m表示,由式(7.4.3)可得

$$T = K\frac{sR_2U_1^2}{R_2^2 + (sX_{2\sigma})^2} = K\frac{s}{R_2 + \frac{(sX_{2\sigma})^2}{R_2}}U_1^2 \leqslant K\frac{s}{2sX_{2\sigma}}U_1^2 = K\frac{U_1^2}{2X_{2\sigma}} \tag{7.4.7}$$

则

$$T_{max} = K\frac{U_1^2}{2X_{2\sigma}}, \quad s_m = \frac{R_2}{X_{2\sigma}} \tag{7.4.8}$$

由上可知:异步电动机的最大转矩与电源电压的平方成正比,与转子电阻 R_2的数值无

关，但产生最大转矩时的转差率 s_m 与转子电阻 R_2 成正比。

当负载转矩超过最大转矩时，电动机就带不动负载了，发生所谓闷车现象。闷车后，电动机的电流迅速增大，以至于电动机过热，如果长时间过热，将会导致电动机烧坏，如果时间较短，电动机不至于立即过热，可以短时间运行。因此，最大转矩也表示电动机短时容许的过载能力。电动机额定转矩 T_N 比 T_{max} 要小，二者之比称为电动机的过载系数，用 K_M 表示，即

$$K_M = \frac{T_{max}}{T_N} \tag{7.4.9}$$

一般三相异步电动机过载系数为 $1.9 \sim 2.2$。

改变转子电阻则改变了最大转矩点所对应的转速。由式(7.4.8)可以看出，在不同转子电阻情况下，电动机的最大转矩大小相等，但最大转矩点所对应的转差率 s_m 随转子电阻的增大而增大，从而改变转速。而绕线式异步电动机可通过改变转子回路电阻这种方法改善启动性能和调速性能。不同转子电阻下的机械特性如图 7.4.4 所示。

改变电源电压则改变了最大转矩，在电动机未到额定转速的时候，可以通过增加电源电压提高最大转矩，从而提升电动机带负载能力，也可以通过改变电源电压进行调速。不同电源电压下的机械特性如图 7.4.5 所示。

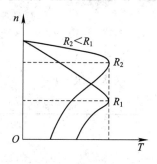
图 7.4.4　不同转子电阻下的机械特性

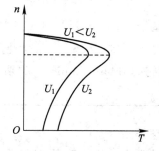
图 7.4.5　不同电源电压下的机械特性

 **专题探讨**

【专 7.3】　三相异步电动机在额定状态附近运行时，当电动机：(1) 负载增大；(2) 电压升高；(3) 频率升高时，试说明转速如何变化。　　第 13 课

三题练习

【练 7.4】　某三相异步电动机，$K_s = 1.3$，当电源电压下降至额定电压的 70% 时，电动机轴上的负载为额定负载的一半。通过计算说明电动机能否启动。

【练 7.5】　某三相异步电动机，$U_N = 380$ V，$n_N = 1430$ r/m，$P_N = 3$ kW，$K_s = 1.2$。求：(1) T_{st} 和 T_N；(2) 额定负载情况下，若 $U = 0.8U_N$，试通过计算说明电动机能否满载启动。

【练 7.6】　某三相异步电动机，$P_N = 45$ kW，$n_N = 2970$ r/min，$K_M = 2.2$，$K_s = 2.0$。若 $T_L = 200$ N·m，当电动机：(1) 长期运行；(2) 短时运行；(3) 直接启动时，试问能否带此负载。

第 14 课

导学导课

　　学习和了解铭牌中各数据的准确含义，是合理选择并正确使用三相异步电动机的前提，而按照生产过程工艺完成启动、调速、制动是使用三相异步电动机的根本。因此，掌握三相异步电动机的铭牌含义、额定值以及启动、调速、制动是十分重要的。

理论内容

7.5　三相异步电动机的铭牌数据和额定值

　　电动机的外壳上都有铝质材料的铭牌，上面标注有该电动机的型号和主要参数。现以 Y3 - 132M - 4 型电动机为例，来说明铭牌数据含义。

三相异步电动机		
型号　Y3 - 132M - 4	功率　3 kW	频率　50 Hz
电压　380 V	电流　7.2 A	连接　Y
转速　1440 r/min	功率因数　0.76	绝缘等级　B
	年月编号	××电机厂

（1）型号。

型号表明电动机的系列、几何尺寸和极数，如下所示：

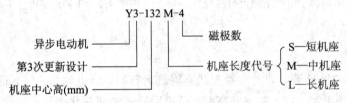

（2）额定转速 n_N。

电动机额定运行时的转子转速称为额定转速，单位为 r/min。

（3）额定电压 U_N。

电动机额定运行时，加在定子绕组上的线电压称为额定电压，单位为 V。

　　一般规定，电动机的运行电压不能高于或低于额定值的 5％。因为电动机在满载或接近满载情况下运行时，电压过高或过低都会使电动机的电流大于额定值，从而使电动机过热。

（4）额定电流 I_N。

电动机额定运行时，通入定子绕组中的线电流称为额定电流，单位为 A。

（5）额定频率 f_N。

电动机在额定运行时，定子绕组所加电源的频率称为额定频率，单位为 Hz。

（6）功率因数 $\cos\varphi_N$。

电动机空载运行时，定子电流主要产生主磁通，功率因数很低，只有 0.2～0.3。当电动机带有负载时输出机械功率，电流中的有功分量增大，功率因数增加较快。在额定负载时，功率因数较高，约为 0.7～0.9。

（7）额定功率 P_N。

电动机额定运行时，转轴上输出的机械功率称为额定功率 P_N。而输入的功率用 P_1 表示，有

$$P_1 = \sqrt{3}U_N I_N \cos\varphi_N \tag{7.5.1}$$

效率 η_N 指额定功率与输入功率的比值，则

$$\eta_N = \frac{P_N}{P_1} \times 100\% \tag{7.5.2}$$

（8）连接。

电动机三相定子绕组的连接方式如图 7.1.3 所示，通常在出线盒里进行连接。

7.6 三相异步电动机的启动

当三相异步电动机接入三相电源，电动机从静止开始转动，转速上升直至稳定运行的过程称为电动机的启动。

在电动机启动过程中，要考虑以下两个问题：一是启动电流 I_{st}，二是启动转矩 T_{st}。

电动机启动时，由于旋转磁场相对静止的转子存在很大的转速，磁通切割转子导条的速度快，这时转子绕组中将会产生很大的感应电动势和感应电流，定子电流也会相应增大。随着转速上升，转速差减小，启动电流也会逐步减小到正常值。一般中小型笼型异步电动机的启动电流（定子）是额定电流的 4～7 倍。同时，过大的启动电流在短时间内会在输电线路上造成较大的电压降落，影响邻近负载的正常工作。

刚启动时，虽然转子电流比较大，但是转子的功率因数 $\cos\varphi_2$ 很低，因此启动转矩并不大，它与额定转矩之比约为 1～2。

由上可知，异步电动机启动时的主要缺点是启动电流过大。为了减小启动电流，必须采用适当的启动方法。

7.6.1 直接启动

直接启动就是用开关把电动机直接接到具有额定电压的电源上，如图 7.6.1 所示。这种启动方法的优点是无需辅助设备，缺点是启动电流较大。

直接启动受电网配电变压器的容量限制，过大的启动电流会使电网电压下降，影响接在同一电网的其他电力设备的正常运行。

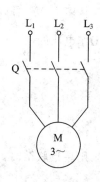

图 7.6.1 直接启动

一般功率小于 7.5 kW 的异步电动机允许直接启动，对于更大容量的电动机能否直接启动，取决于配电变压器的容量以及各地电网管理部门的规定。

7.6.2　降压启动

如果电网的配电变压器容量不够大，不能满足电动机的直接启动，则可采取降低电压的方法启动，简称降压启动。降压启动可以减小启动电流，但也减小了电动机的启动转矩。以下是几种常用的降压启动方法。

1. 星-三角降压启动

星-三角降压启动的接线如图 7.6.2(a)所示。在启动时先将开关 Q_1、Q_3 闭合，Q_2 断开，此刻绕组是如图 7.6.2(b)所示的星形联结，定子每相绕组的电压为 $\frac{1}{\sqrt{3}}U_N$，其中 U_N 为电网的额定线电压。待转速接近额定转速时，将 Q_3 断开，Q_2 闭合，定子绕组转换为如图 7.6.2(c)所示的三角形联结，定子每相绕组承受电压 U_N，启动过程结束。

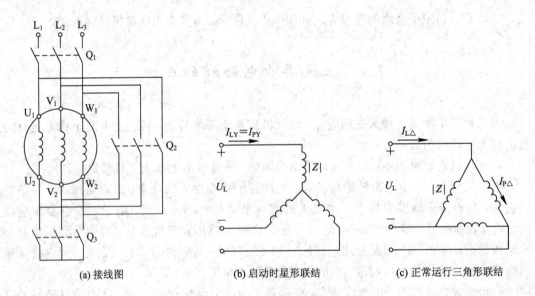

(a) 接线图　　　(b) 启动时星形联结　　　(c) 正常运行三角形联结

图 7.6.2　星-三角降压启动

从表 7.6.1 可以看出，采用星-三角降压启动方式，启动时定子每相绕组上的电压为正常工作电压的 $\frac{1}{\sqrt{3}}$。比较两种连接方式的电流，有

$$\frac{I_{LY}}{I_{L\triangle}} = \frac{\frac{U_N}{\sqrt{3}\,|Z|}}{\frac{\sqrt{3}\,U_N}{|Z|}} = \frac{1}{3} \tag{7.6.1}$$

即采用星形联结时，电网供给的启动电流仅为三角形联结时的 $\frac{1}{3}$。

表 7.6.1　星-三角降压启动电压、电流

	星形联结(启动时)	三角形联结(正常运行)
每相阻抗	$\|Z\|$	$\|Z\|$
相电压	$U_{PY}=\dfrac{1}{\sqrt{3}}U_{LY}=\dfrac{1}{\sqrt{3}}U_N$	$U_{P\Delta}=U_{L\Delta}=U_N$
相电流	$I_{PY}=\dfrac{U_{PY}}{\|Z\|}=\dfrac{U_{LY}}{\sqrt{3}\,\|Z\|}=\dfrac{U_N}{\sqrt{3}\,\|Z\|}$	$I_{P\Delta}=\dfrac{U_{P\Delta}}{\|Z\|}=\dfrac{U_{L\Delta}}{\|Z\|}=\dfrac{U_N}{\|Z\|}$
线电流	$I_{LY}=I_{PY}=\dfrac{U_N}{\sqrt{3}\,\|Z\|}$	$I_{L\Delta}=\sqrt{3}I_{P\Delta}=\sqrt{3}\dfrac{U_N}{\|Z\|}$

由于启动转矩与电压平方成正比,所以星形联结时的启动转矩也为正常工作时的 $\dfrac{1}{3}$。因此,这种方法只适用于空载或者轻载时启动。

星-三角降压启动的优点是附加设备少、体积小、操作简便。小型异步电动机常采用这种方式。

2. 自耦变压器降压启动

自耦变压器降压启动的原理如图 7.6.3 所示。在启动时先将开关 Q_1、Q_2 闭合,Q_3 断开,接入自耦变压器。启动完成后将开关 Q_2 断开,Q_3 闭合,切除自耦变压器。设自耦变压器的变比为 k,启动时,加在电动机定子绕组输入端电压 U' 为电源电压 U_N 的 $\dfrac{1}{k}$ 倍,即

$$U'=\dfrac{1}{k}U_N$$

此时,由于定子绕组电压下降为原来的 $\dfrac{1}{k}$,则定子启动电流 I'_{st} 为直接启动电流 I_{st} 的 $\dfrac{1}{k}$,即

$$I'_{st}=\dfrac{1}{k}I_{st}$$

由于电动机接在自耦变压器的二次侧,而电网接在自耦变压器的一次侧,因此同时满足变压器的电流变换关系,则电网供给电动机的启动电流 I''_{st} 为

$$I''_{st}=\dfrac{1}{k}I'_{st}=\dfrac{1}{k^2}I_{st} \qquad (7.6.2)$$

由此可见,自耦变压器降压启动与直接启动相比,电网所供给的启动电流减小为原来的 $\dfrac{1}{k^2}$。由于启动转矩与电压平方成正比,启动转矩也减小为直接启动的 $\dfrac{1}{k^2}$。

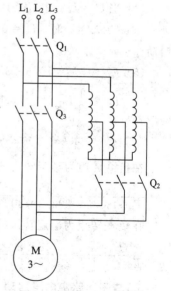

图 7.6.3　自耦变压器降压启动

自耦变压器降压启动可用于正常运行时三角形联结或星形联结的电动机,而星-三角

降压启动只能用于正常工作接成三角形联结的电动机。一般情况下，自耦变压器适用于容量较大的笼型电动机，但体积大、价格高，维修不便。

【例 7.6.1】 一台 Y225M-6 型的三相异步电动机，定子绕组三角形联结，其额定数据为：$P_N=30$ kW，$n_N=980$ r/min，$U_N=380$ V，$\eta_N=91.5\%$，$\cos\varphi_N=0.84$，$I_{st}/I_N=7$，$T_{st}/T_N=1.9$，$T_{max}/T_N=2.2$，求：(1) 额定电流 I_N；(2) 额定转差率 s_N；(3) 额定转矩 T_N、最大转矩 T_{max} 和启动转矩 T_N；(4) 如果负载转矩为 515.2 Nm，试问在 $U=U_N$ 和 $U'=0.9U_N$ 两种情况下电动机能否启动；(5) 采用星-三角降压启动时，求启动电流和启动转矩。又当负载转矩为额定转矩的 80% 和 50% 时，电动机能否启动？

解 (1) 额定电流

$$I_N = \frac{P_N(W)}{\sqrt{3}\,U_N\cos\varphi_N\eta_N} = \frac{30\times10^3}{\sqrt{3}\times380\times0.84\times0.915} = 59.3 \text{ A}$$

(2) 由 $n_N=980$ r/min，可知 $p=3$，$n_0=1000$ r/min，则

$$s_N = \frac{n_0-n}{n_0} = \frac{1000-980}{1000} = 0.02$$

(3) $T_N = 9550\dfrac{P_N(kW)}{n_N} = 9550\times\dfrac{30}{980} = 292.3 \text{ N·m}$

$$T_{max} = \left(\frac{T_{max}}{T_N}\right)T_N = 2.2\times292.3 = 643.2 \text{ N·m}$$

$$T_{st} = \left(\frac{T_{st}}{T_N}\right)T_N = 1.9\times292.3 = 555.5 \text{ N·m}$$

(4) 当 $U=U_N$ 时，$T_{st}=555.5$ N·m >515.2 N·m，电动机能启动；

当 $U'=0.9U_N$ 时，$T_{st}=0.9^2\times555.5$ N·m$=449.9$ N·m<515.2 N·m，电动机不能启动。

(5) $I_{st\triangle}=7I_N=7\times59.3$ A$=415.1$ A

$$I_{stY} = \frac{1}{3}I_{st\triangle} = \frac{1}{3}\times415.1 = 138.4 \text{ A}$$

$$T_{stY} = \frac{1}{3}T_{st\triangle} = \frac{1}{3}\times555.5 \text{ N·m} = 185.2 \text{ N·m}$$

在负载转矩为额定转矩的 80% 时，有

$\dfrac{T_{stY}}{T_N\cdot80\%} = \dfrac{185.2}{292.3\times80\%} = \dfrac{185.2}{233.8}<1$，电动机不能启动；

在负载转矩为额定转矩的 50% 时，有

$\dfrac{T_{stY}}{T_N\cdot50\%} = \dfrac{185.2}{292.3\times50\%} = \dfrac{185.2}{146.2}>1$，电动机能启动。

3. 转子回路串电阻启动

绕线型异步电动机还可以采用转子回路串电阻的启动方式，只要在转子电路中接入大小合适的启动电阻 R，就可以达到减小启动电流的目的，如图 7.6.4 所示。随着转子电阻的不断增大，从式 (7.4.4) 可以看出，启动转矩也不断地提高。采用这种方法既减小了启动电流，又增大了启动转矩，因而，它常应用于启动转矩较大的生产机械上，如起重机、卷扬机等。

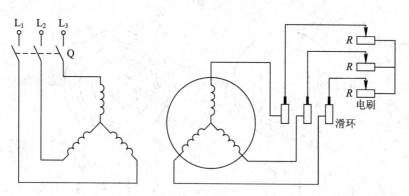

图 7.6.4　绕线型异步电动机转子回路串电阻启动

7.7　三相异步电动机的调速

根据生产要求，需要人为改变电动机的转速，这样的过程称为调速。

异步电动机的转速公式如下：

$$n = (1-s)n_0 = (1-s)\frac{60f_1}{p} \tag{7.7.1}$$

由式(7.7.1)可知，可以通过以下几种方式改变异步电动机转速：改变电动机磁极对数、改变电源频率、改变电动机转差率等。对于笼型异步电动机可以采用变极调速、变频调速和改变定子电压调速的方法，而对绕线型异步电动机还可以采用转子回路串电阻等方法。不同的调速方法适用于不同类型的负载。下面分别介绍几种常用的调速方法。

1. 变频调速

我国电力部门提供的都是 50 Hz 的工频交流电，要改变交流电的频率就需通过整流器先将频率为 50 Hz 的三相交流电变换为直流电，再由逆变器转换为频率和电压可调的三相交流电，供给电动机，如图 7.7.1 所示。当频率 f_1 连续调节时，可使电动机调速特性平滑，因此属于无极调速。

图 7.7.1　变频调速装置

2. 变极调速

磁极对数增大一倍，则旋转磁场转速下降一半，而转子转速也约下降一半，因此可以通过改变磁极对数得到不同转速。

图 7.7.2 所示为定子绕组的两种接法。把 U 相绕组分成两部分，线圈 U_1U_2 和 $U_1'U_2'$。图 7.2.2(a)是两个线圈串联，得到 $p=2$。图 7.2.2(b)是两个线圈反并联(首尾相连)，得到 $p=1$。

在换极时，电动机中的线圈安装位置并不需要变动，只需要将线圈的接线端引出，在电动机的外部改变定子绕组的接法，就可以得到两种不同的极对数，从而得到两种不同的转速。由于调速时其转速呈跳跃性变化，因此属于有极调速。

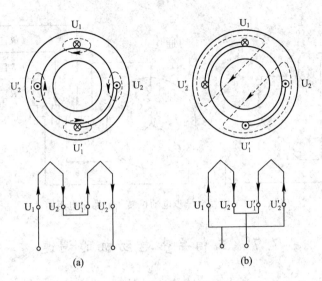

图 7.7.2　改变磁极对数 p 的调速方法

3. 变转差率调速

变转差率调速是一种无极调速方法，主要有改变电源电压调速和绕线型异步电动机转子回路串电阻调速两种方式。

7.8　三相异步电动机的制动

在生产过程中，经常需要采取一些措施来使电动机转速尽快下降或者停转，这样的过程称为制动。制动既可采用机械制动，也可采用电磁制动。电磁制动主要是产生与电动机旋转方向相反的制动转矩，以达到减速的目的，它具有转矩大、操作方便的特点，应用十分广泛。电磁制动的方法主要包括能耗制动、反接制动和回馈制动三种。

1. 能耗制动

能耗制动方式是在断开三相电源的同时，给电动机其中两相绕组通入直流电流，如图 7.8.1 所示，直流电流形成的固定不动的磁场与旋转的转子作用，转子绕组产生感应电动势、感应电流，进而切割静止磁场产生与转子转动方向相反的转矩（制动转矩），使转子迅速停止转动，如图 7.8.2 所示。由于这种方法是通过消耗转子的动能（转换为电能）来进行制动的，故称为能耗制动。

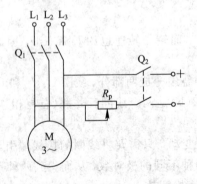

图 7.8.1　能耗制动接线图

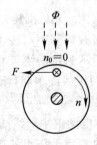

图 7.8.2　转子示意图

2. 反接制动

由 7.2.2 节可知,当改变定子绕组的通电相序时,可使旋转磁场反向,如图 7.8.3 所示。由于转子具有转动惯量,仍会保持原有运动方向,产生的转矩与电动机的转动方向相反,因而起到制动作用,如图 7.8.4 所示。当转速下降接近目标转速时,应迅速切断电源,否则电动机将反向转动。由于这种方法是将电源相序改变,通过反向旋转磁场作用于转子产生制动转矩来实现制动的,故称为反接制动。

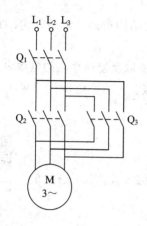

图 7.8.3　反接制动连接图

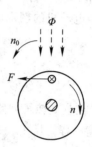

图 7.8.4　转子示意图

3. 回馈制动

如图 7.8.5 所示,在外界作用下,如起重机快速放下重物时,由于有重力势能的存在,将使重物下降的速度增加,致使转子转速大于旋转磁场转速,转子绕组将以转速的相对速度$(n-n_0)$切割旋转磁场。此刻电动机进入发电状态,将重物的重力势能转化为电能给电网回馈能量,电磁转矩反向,成为制动转矩,限制了电动机转速,故称为回馈制动。

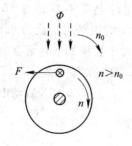

图 7.8.5　回馈制动转子示意图

7.9　三相异步电动机的选择

选择电动机,既要使电动机满足生产工艺对电动机的要求,又要考虑安装环境对电动机的影响,同时还要顾及可靠性、成本等诸多因素。一般来说,电动机的选择包括以下几点。

(1)功率的选择。功率选得过大不经济;功率选得过小,电动机容易因过载而损坏,因此主要遵循以下几点：

对于连续运行的电动机，所选功率应等于或略大于生产机械的功率。

对于短时工作的电动机，允许其在运行中有短暂的过载，故所选功率可等于或略小于生产机械的功率。

（2）种类和结构形式的选择。

种类的选择：一般应用场合应尽可能选用笼型异步电动机。只有在不能采用笼型异步电动机的场合才选用绕线型异步电动机。

结构形式的选择：根据工作环境的条件选择不同的结构形式，如开启式、防护式、封闭式等电动机。

（3）电压和转速的选择，应根据电动机的类型、功率以及使用地点的电源电压来决定。Y 系列笼型异步电动机的额定电压只有 380 V 一个等级。大功率电动机才采用 3000 V 和 6000 V。

专题探讨

第 14 课

【专 7.4】　在改变转子回路电阻的情况下，结合机械特性曲线，分析负载不变时的调速过程。

三题练习

【练 7.7】　某三相异步电动机，定子电压为 380 V，三角形联结。当负载转矩为 51.6 N·m 时，转子转速为 740 r/min，效率为 80%，功率因数为 0.8。求：（1）输出功率；（2）输入功率；（3）定子的线电流和相电流。

【练 7.8】　Y250M - 6 型三相笼型异步电动机，$U_N = 380$ V，三角形联结，$P_N = 37$ kW，$n_N = 985$ r/min，$I_N = 72$ A，$T_{st}/T_N = 1.8$，$I_{st}/I_N = 6.5$。已知电动机启动时的负载转矩 $T_L = 250$ N·m，从电源取用的电流不得超过 360 A，试问：（1）能否直接启动；（2）能否采用星-三角降压启动；（3）能否采用变比为 0.8 的自耦变压器启动。

【练 7.9】　三相异步电动机的技术数据如下：额定功率 4.5 kW，额定转速 950 r/min，效率 90%，$\cos\varphi = 0.8$，$I_{st}/I_N = 5$，$T_{max}/T_N = 2$，$T_{st}/T_N = 1.4$，$U_N = 380/220$ V，$f_1 = 50$ Hz，试求：星形联结时的（1）额定电流 I_N；（2）启动电流 I_{st}；（3）启动转矩 T_{st}；（4）最大转矩 T_{max}。

项目应用

连续运行电动机功率的选择可采用统计分析法，即经验公式。其中卧式车床：$P = 36.5D^{1.54}$（kW），D 为加工工件的最大直径（m）。现查阅资料，对某卧式车床（加工工件最大直径 250 mm）的主轴电机进行选择，并说明其详细参数。

交流电动机的控制

　　交流电动机作为旋转运动的原动机，广泛应用于生产生活中的多个领域。例如，通过对水泵(电机)的控制完成抽、送水；通过对电葫芦(电机)的控制完成工件移动；通过对机床主轴电机的控制完成工件的加工等。

　　本模块主要以笼型异步电动机为例，采用低压电器实现启动、停止、顺序、正反转、行程、时间等控制，这种控制系统又称为继电接触器控制系统。除了继电接触器控制系统，还可以采用一种以中央处理器为核心的无触点控制系统，称为可编程逻辑控制器(PLC)。但无论采用哪种方式对电动机进行控制，均脱离不了常用控制电器。

　　(1) 了解常用控制电器的功能并掌握其使用方法。

　　(2) 能够对三相交流电动机的点动、长动、顺序、正反转、行程、时间等控制电路进行分析。

　　(3) 能够对三相交流电动机的简单控制电路进行设计。

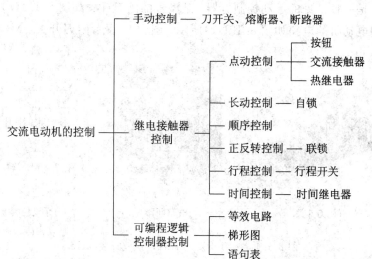

实践衔接

（1）调研按钮、行程开关、直流接触器、交流接触器、继电器等低压电器，观察其外形，了解其型号、参数、作用和使用方法。

（2）调研 PLC，了解其型号、引脚、作用和使用方法。

（3）完成本模块的项目应用。

第 15 课

导学导课

随着科学技术的不断发展，生产工艺要求的不断提高，电动机拖动系统的控制方式不断变革，控制方式由传统的手动控制逐步向自动控制方向发展，继电接触器控制系统应运而生。继电接触器控制产生于 20 世纪 20～30 年代，最初由操作人员手动实现电动机的各种操作，这种手动控制方式受工作场合限制并且不够安全，逐渐被后来的继电器、接触器等低压电器所组成的自动控制电路所取代，至今仍广泛应用。

理论内容

继电接触器控制系统是由用电设备、控制电器和保护电器组成的。控制电器是用来接通或断开电路的电气设备。保护电器是保护电源和用电设备的电气设备。生产机械中所用到的电器多属于交流 50 Hz(60 Hz)、额定电压在 1200 V 以下或者直流额定电压 1500 V 以下的电器，这类电器统称为低压电器。低压电器又分为手动控制电器和自动控制电器。

8.1　手　动　控　制

闸刀开关是一种常见的手动控制电器，某型号的闸刀开关如图 8.1.1(a)所示。由闸刀开关手动控制电动机的电路如图 8.1.1(c)所示，图中 Q 表示闸刀开关，M(3～)表示三相

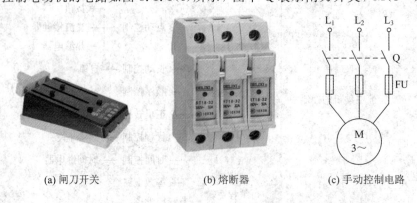

(a) 闸刀开关　　　　　(b) 熔断器　　　　　(c) 手动控制电路

图 8.1.1　闸刀开关、熔断器与手动控制电路

笼型异步电动机,接通和断开闸刀开关可以实现电动机的通电和断电。闸刀开关在生活中较为常见,可按实际持续电流选取型号。

　　熔断器是一种常见的短路和过电流的保护电器。某型号的熔断器如图 8.1.1(b)所示。图 8.1.1(c)中 FU 表示熔断器,当发生短路或者严重过载时,以其自身产生的热量使熔丝熔化,从而使电路断开。熔断器主要根据负载的特性和预期短路电流的大小选择类型,常用的熔断器有 RN、RM、RW 等系列。

　　闸刀开关和熔断器(Q+FU)的组合体积较大,同时无法提供过载保护,因此在实际运行过程中有时采用断路器替代。

　　断路器又称自动空气开关或自动空气断路器,既可实现电路的通断控制,也可以实现短路、过载、失压等保护,是低压控制电路中一种重要的保护电器。某型号断路器如图 8.1.2 所示。常用的空气断路器有 DZ、DW 等系列。

图 8.1.2　空气断路器

　　手动控制结构简单、功能单一,随着电动机的容量不断增大,开关体积也越来越大,操作越来越复杂,并且不能实现频繁启动和远距离操作。为了解决手动控制的缺点,随着电气控制技术和产品的不断发展和更新,在手动控制的基础上增加接触器和继电器等自动控制电器实现自动控制。本模块以"Q+FU"为基础介绍自动控制电路。

8.2　自　动　控　制

　　为了实现对交流电动机的控制,首先要使电动机启动和停止,而电动机的启停自动控制又是众多控制电路的基础。在图 8.1.1 电路的基础上增加按钮、交流接触器和热继电器等自动控制电器可实现电动机的启停自动控制。

8.2.1　自动控制电器

1. 按钮

　　某型号的按钮如图 8.2.1(a)所示,原理如图 8.2.1(b)所示,在未按下按钮帽时,上方的常闭静触点被动触点接通处于闭合状态,致使 1、2 导通,以接通某一电路,称为常闭触点,也叫动断触点;下方的常开静触点未被动触点接通而处于断开状态,称为常开触点,也叫动合触点。当按下按钮帽时,动触点下移,原处于闭合状态的常闭触点断开,致使 1、2 断开;常开触点闭合,致使 3、4 导通。松开按钮帽,在复位弹簧的作用下,动触点复位,恢复为原来状态。

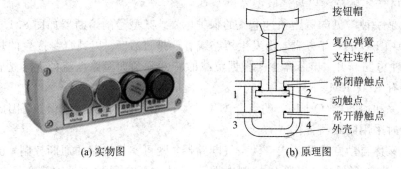

(a) 实物图　　　　　　　　　　　　(b) 原理图

图 8.2.1　按钮

常用的按钮有 LA 等系列，其符号如表 8.2.1 所示。

表 8.2.1　按 钮 符 号

名称	常开按钮	常闭按钮	复合按钮
符号	SB	SB	SB

2. 交流接触器

交流接触器是通过线圈通电产生磁力来实现电路通断的自动控制电器。某型号的交流接触器如图 8.2.2(a)所示，其原理如图 8.2.2(b)所示，它主要由电磁铁和触点两部分组成。电磁铁的铁芯分动、静两部分，静铁芯中间套有吸引线圈。触点包括静触点和动触点两部分，动触点和动铁芯连在一起。

(a) 实物图　　　　　　　　　　　　(b) 原理图

图 8.2.2　交流接触器

当吸引线圈通电后，产生电磁力。在电磁力的作用下，动铁芯带动动触点移动，使原处于闭合状态的静触点断开，原处于断开状态的静触点闭合。当线圈断电后，电磁力消失，动铁芯在弹簧的作用下复位，各触点也恢复到原来的状态。

根据用途不同，接触器的触点分主触点和辅助触点两类。主触点能通过较大的电流，一般为三副常开触点，串联在电源和电动机之间，用来改变电动机的供电状态，这部分电路称为主电路，如图 8.2.3 所示的左侧电路。

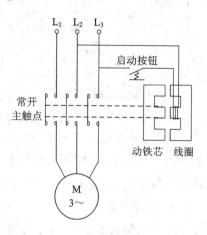

图 8.2.3　点动控制原理

辅助触点通过的电流较小，既有常开触点，也有常闭触点，通常接在由按钮和接触器线圈组成的电路中，以实现某些功能，这部分电路称为辅助电路，如图 8.2.3 所示的右侧电路。

如图 8.2.3 所示，按下启动按钮，电动机启动运转；松开按钮，电动机立即停止运转，这种控制方式称为点动控制。点动控制只适用于短时工作情况下接通、断开电源使用，如若需要电动机持续转动，则需人为持续按压按钮，可操作性较差。

为使电动机在松开启动按钮后继续运转，可将接触器的一副常开辅助触点并联在启动按钮两端，如图 8.2.4 所示。按下启动按钮后，接触器的常开主触点和常开辅助触点同时闭合，将启动按钮短接，当松开启动按钮后，接触器线圈可以继续通电，电动机继续运转。上述常开辅助触点的作用称为"自锁"。这种控制方式称为长动控制。

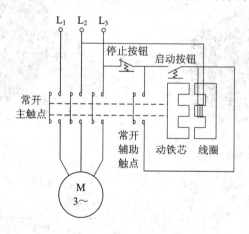

图 8.2.4　长动控制原理

为了能够让电动机停止转动，在辅助电路中增加一个停止按钮（常闭）。按下停止按钮，按钮的常闭触点断开，接触器线圈断电，常开主触点和辅助触点重新断开，使电动机断电停止运行。松开停止按钮，停止按钮的触点恢复为常闭状态，但是电路已经断开，要想电动机运行，必须重新按下启动按钮。

选用交流接触器时，应该注意它的线圈电压、触点数量与触点额定电流。CJ10 系列接触器的主触点额定电流有 5A、10A、20A、60A、100A 等；线圈额定电压有 220V 或 380V 等。常用的交流接触器还有 CJ40、CJ12 等系列。

交流接触器符号如表 8.2.2 所示。

表 8.2.2　交流接触器符号

名称	线圈	常开(动合)主触点	常开(动合)辅助触点	常闭(动断)辅助触点
符号	KM	KM	KM	KM

3. 中间继电器

中间继电器工作原理与交流接触器相同,只是用途不同,接触器主要用来接通和断开主电路,而中间继电器主要用在辅助电路中,以弥补辅助触点的不足。某型号的中间继电器如图 8.2.5 所示。常用的中间继电器有 JZ7 和 JZ8 系列,其图形符号与交流接触器相同,用 KA 表示。

4. 热继电器

在自动控制电路中,不仅要求对电动机启停进行控制,而且要求有必要的保护措施。除了 8.1 节所讲的熔断器提供短路保护外,还需要对电动机的过载进行保护。热继电器就是用于对电动机进行长时间过载保护的装置,某型号的热继电器如图 8.2.6 所示。热继电器包括发热元件和常闭触点,当过载时,放置于主电路的发热元件变形,致使辅助电路的常闭触点断开,从而断开主电路。

图 8.2.5　中间继电器

图 8.2.6　热继电器

常用的热继电器有 JR20、JR15 等系列,其符号如表 8.2.3 所示。

表 8.2.3　热继电器符号

名称	发热元件	常闭(动断)触点
符号	FR	FR

8.2.2　启停自动控制

由图 8.2.2(b)可知,在交流接触器 KM 的基础上增设低压电器即可组成交流电动机控制电路,但是这样的电路绘制起来比较麻烦,因此采用低压电器的图形符号绘制控制电路。

（1）控制电路由主电路（被控制电动机所在电路）和辅助电路（控制主电路状态）组成。

（2）按国家规定的图形符号和文字符号画图。图形符号在不会引起错误理解的情况下可以旋转或取其镜像形态。文字符号不够用时，还可以加上相应的辅助文字符号。如启动按钮可写为 SB_{ST}，交流接触器可写为 KM_1、KM_R 等。

（3）属同一电器元件的不同部分（如接触器的线圈和触点）按其功能和所接电路的不同可以分别画在不同的电路中，但必须标注相同的文字符号。与电路无关的部件（如铁芯、支架、弹簧等）在控制电路中不画出。

（4）所有电器的图形符号均按无电压、无外力作用下的正常状态画出，即按通电前的状态绘制。闸刀开关 Q 虽然按照常开状态绘制，但是在实际分析中默认其处于闭合状态。

（5）电机是否转动的关键在于交流接触器线圈是否得电，因此必须保证每个线圈施加额定电压，一般情形下不能将两个线圈串联。

依据上述原则，结合图 8.2.3，绘制点动控制电路如图 8.2.7 所示。其工作过程如下：

① 按下 SB_{ST}→KM 线圈得电→KM 主触点闭合→M 启动；

② 松开 SB_{ST}→KM 线圈失电→KM 主触点断开→M 停转。

结合图 8.2.4，绘制长动控制电路如图 8.2.8 所示。其工作过程如下：

① 按下 SB_{ST}→KM 线圈得电→KM 主触点闭合，常开辅助触点闭合实现自锁→M 启动→松开 SB_{ST}，对电路无影响；

② 按下 SB_{STP}→KM 线圈失电→KM 主触点断开，常开辅助触点断开解除自锁→M 停转→松开 SB_{STP}，电路恢复为无电状态。

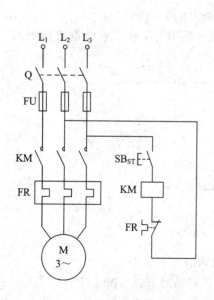

图 8.2.7　点动控制电路

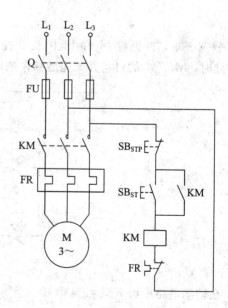

图 8.2.8　长动控制电路

电路中的熔断器 FU 起短路保护作用，热继电器 FR 起过载保护作用，而接触器 KM 还起到失压保护的作用，当出现停电或电源电压严重下降时，接触器线圈因为电压不足而造成电磁力不足，使得接触器触点恢复为无电状态，电动机停止运转。在电源电压恢复后，只有重新按下启动按钮，电动机才能重新启动，这样可以避免因电动机自行启动及操作人员缺乏准备而造成安全事故。

8.3 顺 序 控 制

在生产中常会使用多台电动机，而且要求电动机按照一定顺序启动，这就需要采用顺序控制。例如，要求 M_1 启动后 M_2 才可以启动。

设定接触器 KM_1 控制电机 M_1，接触器 KM_2 控制电机 M_2，主电路如图 8.3.1 所示。

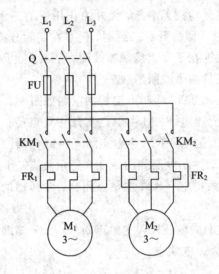

图 8.3.1 顺序控制主电路

根据要求，首先将 M_1 和 M_2 的长动控制辅助电路并联，初步设计电路如图 8.3.2 所示。此时，M_1、M_2 的启动并无先后顺序的限制。

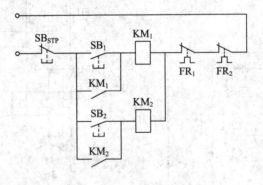

图 8.3.2 辅助电路

在辅助电路中给 KM_2 线圈串联一个 KM_1 常开辅助触点，如图 8.3.3 所示，可实现顺序控制。如果先按下 SB_2，因 KM_1 常开辅助触点断开，M_2 无法启动。电路工作过程如下：

① 按下 SB_1→M_1 长动→与 KM_2 线圈串联的 KM_1 常开辅助触点闭合，为 M_2 转动提供可能→按下 SB_2→M_2 长动；

② 按下 SB_{STP}→KM_1 和 KM_2 线圈失电→M_1 和 M_2 停止运转，电路恢复为无电状态。

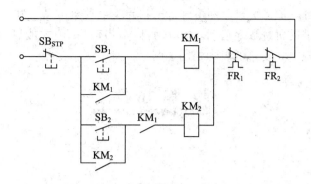

图 8.3.3　顺序控制辅助电路

专题探讨

【专 8.1】　将图 8.3.3 中 KM_2 线圈支路的 KM_1 常开辅助触点移动，形成如图 1(a)、(b)所示的电路，分析其功能。

第 15 课

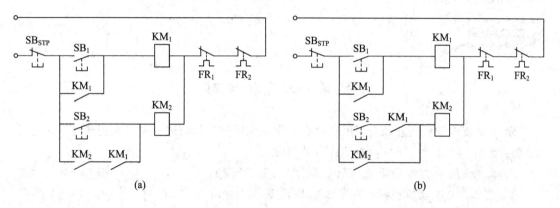

(a)　　　　　　　　　　　　　　　　　　(b)

图 1　专 8.1 的电路

三题练习

【练 8.1】　图 2 所示为既可长动也可点动的辅助电路，使用了手动开关。当 Q 断开时，为点动控制电路；如果将 Q 闭合，则为长动控制电路。试采用复合按钮实现相同功能。

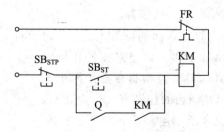

图 2　练 8.1 的电路

【练 8.2】　设计控制电路。要求通过 A、B 两地各自的启动按钮和停止按钮对一台电动机进行启停控制。

【练 8.3】　三台皮带运输机分别由三台三相异步电动机拖动，为了使运输带上不积压运送的材料，要求电动机按顺序启动，即电动机 M_1 启动后 M_2 才能启动，M_2 启动后 M_3 才能启动。设计能实现上述要求的自动控制电路。

第 16 课

📖 **导学导课**

　　根据生产工艺要求，有些生产机械要实现正反两个方向运动，如组合机床、龙门刨床、铣床等要求在规定距离内实现自动往返。针对这一问题，首先要实现电动机正反转，随后则是实现位置检测和反向触发，进而反向运动。还有些电动机要求延时控制，比如星-三角降压启动、能耗制动等。在实际应用中还可以采用可编程逻辑控制器来实现对电动机的控制。该控制方式采用"软件编程"替代了继电接触控制系统的"硬件电路"，大大降低了系统的复杂性。

📖 **理论内容**

8.4　正反转控制

　　为了实现电动机的正反转，由电动机工作原理可知，只需改变电动机定子绕组的通电相序，即将三相电源的任意两根相线对调即可。

　　图 8.4.1 所示为电动机正反转控制主电路，当接触器 KM_F 工作时，电动机正转；当接触器 KM_R 工作时，由于调换了两根电源线（L_1、L_3 对调），电动机反转。因此一台电动机需要通过两个接触器实现两种不同的连接方式。需要注意的是，如果两个接触器的六个主触点同时闭合将造成电源短路，因此同一时间只允许一个接触器工作。

　　为了避免短路，设计辅助电路如图 8.4.2（a）所示。在辅助电路中两个交流接触器的线圈分别与对方的常闭辅助触点串联。当正转接触器 KM_F 的线圈得电时，它串联在反转接触器 KM_R 线圈支路的常闭辅助触点断开，切断了反转接触器的线圈支路。此时，即使未按停止按钮 SB_{STP} 而误按了反转启动按钮 SB_R，反转接触器线圈也不会得电，反之亦然。这种相互制约的控制方式称为互锁，又称联锁。8.3 节的图 8.3.3 所示电路已包含了"互锁"控制。

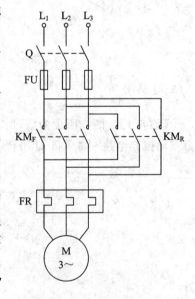

图 8.4.1　正反转控制主电路

　　正转运行过程如下：

　　① 按下 SB_F→M 正转→与 KM_R 线圈串联的 KM_F 常闭辅助触点断开，M 反转已无可

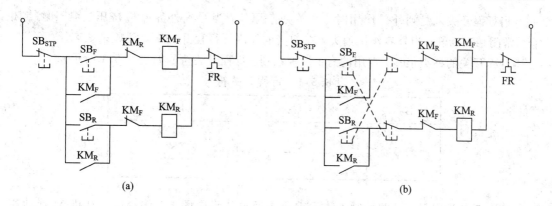

图 8.4.2　正反转控制辅助电路

能。此时按下 SB_R，对电路没有影响。

② 按下 SB_{STP}→电路恢复为无电状态。

③ 按下 SB_R→M 反转→与 KM_F 线圈串联的 KM_R 常闭辅助触点断开，M 正转已无可能。此时按下 SB_F，对电路没有影响。

因此其工作方式为：正转－停止－反转。

为了实现直接正反转，在已包含"电气互锁"的图 8.4.2(a)基础上增设复合按钮，如图 8.4.2(b)所示，其中复合按钮的作用称为"机械互锁"。

反转运行过程如下：

① 按下 SB_F→M 正转；

② 按下 SB_R→与 KM_F 线圈串联的 SB_R 常闭触点断开，KM_F 线圈失电，KM_F 相关触点恢复为无电状态，M 停止正转→M 反转。

因此其工作方式为：正转－反转。

8.5　行　程　控　制

生产中由于工艺和安全的要求，常常需要控制某些机械的行程和位置，相应的控制称为行程控制。

行程控制可以采用行程开关来实现。行程开关又称限位开关，用于自动往返控制或限位保护等，其动作主要由碰撞产生。某型号的行程开关如图 8.5.1(a)所示，原理图如图 8.5.1(b)所示。

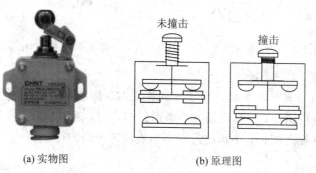

(a) 实物图　　　　　　　(b) 原理图

图 8.5.1　行程开关

当行程开关未受到外界作用时，开关处于原位；当受到外界碰撞挤压后常开触点闭合，常闭触点断开；当外界作用消失，在弹簧的作用下行程开关恢复至原来状态。

行程开关的种类很多，常用的有 LX 等系列。行程开关符号如表 8.5.1 所示。

表 8.5.1　行程开关符号

名称	常开触点	常闭触点
符号	SQ	SQ

图 8.5.2 为用行程开关控制工作台前进与后退的示意图。工作台由电动机 M 拖动前后运动，行程开关 SQ_A 和 SQ_B 分别放置在工作台的起点和终点，由工作台位置决定行程开关状态。

如果采用图 8.4.2(a) 具有电气互锁的正反转控制电路来实现往返控制，其工作过程如下：

按下 SB_F→M 正转，小车前进→小车到终点时，按下停止按钮 SB_{STP}，然后按下 SB_R→M 反转，小车后退→当小车返回起点时，按下停止按钮 SB_{STP}，然后按下 SB_F→小车重新进行新的往返。

因行程开关 SQ_A 放置于起点，SQ_B 放置于终点，小车前进到终点或者后退到起点，会碰撞挤压行程开关，此刻相当于按下了相应的按钮。因此将 SQ_B 的常闭触点串联于 KM_F 线圈支路，取代"SB_{STP}"，将 SQ_B 的常开触点并联于 SB_R，取代"SB_R"。SQ_A 触点的放置方法类似，形成的电路如图 8.5.3 所示。

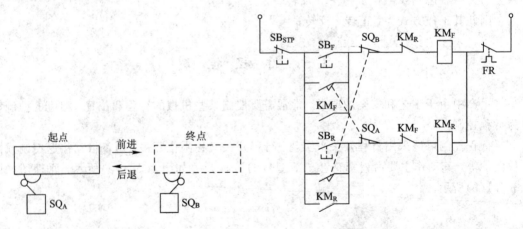

图 8.5.2　往返控制　　　　　　　图 8.5.3　自动往返控制辅助电路

工作过程如下：

按下 SB_F→M 正转，小车前进→小车到终点时，碰撞 SQ_B，使其常闭触点断开，小车停止运动，常开触点闭合，小车后退→小车返回起点时，碰撞 SQ_A，使其常闭触点断开，小车停止运动，常开触点闭合，小车前进→小车重新进行新的往返。

8.6　时　间　控　制

三相异步电动机星-三角降压启动时定子绕组为星形联结，经过一段时间后，转速接近额定转速，将定子绕组换接成三角形联结，这一类过程可以采用时间控制来实现。而时间继电器是从得到输入信号(线圈通电或断电)起，经过一段时间延时后触点才动作的继电器，适用于定时控制。某型号的时间继电器如图 8.6.1 所示。一般情况下，时间继电器的延时时间在一定范围内是可调的。

图 8.6.1　时间继电器

时间继电器种类众多，空气式时间继电器主要有 JS7 - A 等系列，电子式时间继电器主要有 JS20、DH48S 等系列。

时间继电器包括线圈和触点，分为得电延时和失电延时两类，其符号与功能如表 8.6.1 所示。

表 8.6.1　时间继电器的符号与功能

类型	线圈	延时动作触点		普通触点
得电(通电)延时动作	KT（阴影方格符号）	常开(动合)触点，得电延时闭合，失电迅速断开	KT	常闭触点　　常开触点
得电(通电)延时动作	KT	常闭(动断)触点，得电延时断开，失电迅速闭合	KT	常闭触点　　常开触点
失电(掉电)延时动作	KT（黑色方格符号）	常开(动合)触点，得电迅速闭合，失电延时断开	KT	常闭触点　　常开触点
失电(掉电)延时动作	KT	常闭(动断)触点，得电迅速断开，失电延时闭合	KT	常闭触点　　常开触点

(1) 得电延时继电器有常开触点和常闭触点，当线圈得电后，常开触点延时闭合，常闭触点延时断开；进而线圈失电后，常开触点迅速断开，常闭触点迅速闭合。

(2) 失电延时继电器也有常开触点和常闭触点，当线圈得电后，常开触点迅速闭合，常闭触点迅速断开；进而线圈失电后，常开触点延时断开，常闭触点延时闭合。

时间继电器也有普通触点。

例如，要求 M_1 启动 10 s 后，M_2 自行启动。

参照如图 8.6.2 所示顺序控制设计电路，其中主电路与图 8.3.1 一致。在 M_1 和 M_2 长动辅助电路"并联"的基础上，使用时间继电器 KT 常开触点"取代"SB_2。而 KT 线圈则与 KM_1 线圈并联，保证 KM_1 线圈得电的同时，KT 开始计时。设置 KM_2 的常闭辅助触点"串联"于 KT 线圈，保证 M_2 启动后，KT 线圈断电，从而保护电器。

工作过程如下：

按下 SB_{ST}→KM_1 线圈得电，M_1 长动，KT 线圈得电开始计时→计时结束后，KT 触点闭合→KM_2 线圈得电，M_2 长动，KM_2 常闭触点断开→KT 线圈失电，KT 触点断开。

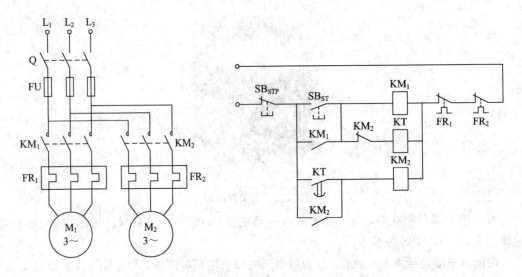

图 8.6.2　时间控制电路

8.7　可编程逻辑控制器

继电接触器控制系统具有结构简单、易于掌握、价格便宜等优点，但这类控制装置硬件连接复杂，通用性和灵活性差，有时满足不了现代化生产过程中复杂多变的控制要求。而可编程逻辑控制器是综合了计算机和自动控制等先进技术发展起来的一种新型工业控制器，以软件编程实现控制功能，具有极高的抗干扰能力，兼备了计算机和继电器两种控制方式的优点，并具有在线修改能力，能够大大缩短设计、施工、投产的周期。

1. 等效电路

在主电路不变的情况下，继电接触器控制电路中的辅助电路可看作一个由多个普通继电器、定时器（T）和计数器（C）等组成的装置，这个装置就是 PLC。PLC 是一种工业计算机，本模块不对其内部结构做深入介绍。

以 PLC 实现三相异步电动机的正反转控制为例来说明其工作原理，如图 8.7.1 所示。由图可知，PLC 等效电路分为输入接口单元、逻辑运算单元、输出接口单元三个部分。

输入接口单元由输入接线端子和输入继电器（I）的线圈组成，负责接收输入信号和操作指令。输入接线端子的 COM 是公共接线端子，与 PLC 内部提供的直流电源相连。其余各输入接线端子都与对应输入继电器线圈相连。输入接线端子主要用于连接外部输入信

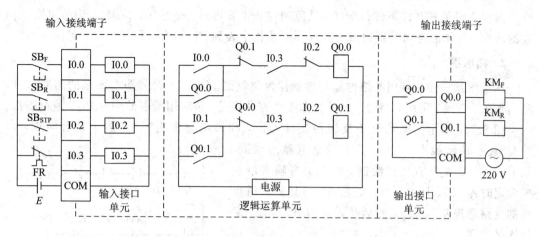

图 8.7.1　 电动机的正反转控制 PLC 等效电路

号，在正反转控制电路中存在 SB_F、SB_R 和 SB_{STP} 三个输入按钮以及热继电器 FR 常闭触点。

　　输出接口单元由输出接线端子和输出继电器（Q）的动合触点组成，负责输出控制信号与操作指令。输出接线端子的 COM 是公共接线端子，与外部 220 V 交流电源相连，其余输出接线端子都与对应输出继电器的动合触点相连。输出接线端子是 PLC 与外部被控对象的连接接口。在正反转控制电路中，被控对象为正转接触器线圈 KM_F 与反转接触器线圈 KM_R。

　　逻辑运算单元是 PLC 的核心，它由输入继电器（I）触点、输出继电器（Q）、定时器（T）、计数器（C）等组成。

　　可以看出元器件（接触器、按钮、热继电器等）连接在输入、输出端子上，但并没有使用电路将其直接连接起来，而是使用 PLC 进行关联，由此可知，PLC 取代的就是继电器控制系统的逻辑部分，即辅助电路。根据图 8.4.2(b)，可得外部接线图如图 8.7.2 所示，输入变量是由三个按钮的常开触点和热继电器的常闭触点组成的，分别接在 I0.0、I0.1、I0.2、I0.3 四个输入接线端子上。控制正反转的两个接触器线圈是被控对象，分别接在 Q0.0、Q0.1 两个输出接线端子上。I/O分配表如表 8.7.1 所示。

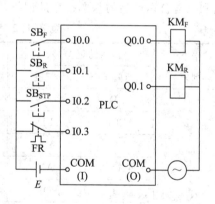

图 8.7.2　 外部接线图

表 8.7.1　 I/O 分配表

输　　入		输　　出	
SB_F	I0.0	KM_F	Q0.0
SB_R	I0.1	KM_R	Q0.1
SB_{STP}	I0.2		
FR	I0.3		

　　需要说明的是，SB_{STP} 闭合给予 PLC 电机停止信号，因此也使用其常开触点。

内部逻辑关系在此不进行阐述,其原理与 8.4 节相同,按下 SB_F、SB_R、SB_{STP} 可实现相应的动作。具体的逻辑关系通过下载梯形图或指令表到 PLC 中实现。

2. 梯形图

梯形图是一种在常用的继电器与接触器控制电路上简化了符号演变而来的图形语言,具有形象、直观、实用等特点,电气技术人员容易接受,是应用最多的一种 PLC 编程语言。

图 8.7.3 所示为电动机正反转控制梯形图,梯形图通常用"┤├"表示动合触点,用"┤/├"表示动断触点,用"( )"表示继电器的线圈,从上至下,从左至右按行绘制。左侧放置输入触点或者定时器(T)、计数器(C)等触点,并让并联触点多的支路靠近左侧竖线,然后是触点的串、并联,最后连接线圈。

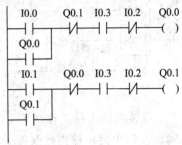

图 8.7.3　梯形图

输入继电器仅用于接收外部信号,它不能由 PLC 内部其他继电器的触点来驱动,因此梯形图中只出现输入继电器的触点,而不出现输入继电器的线圈。输出继电器将执行结果输出给外部设备,也提供了多副供内部使用的触点,故在梯形图中只出现输出继电器的线圈和供内部使用的触点。

3. 指令语句表

指令语句表是一种用指令助记符来编制 PLC 程序的语言。表 8.7.2 给出了西门子公司和三菱公司产品的基本指令助记符。

表 8.7.2　PLC 的基本指令助记符

指令种类	助记符		内　　容
	西门子	三菱	
触点指令	LD	LD	动合触点与左母线相连或处于支路的起始位置
	LDI	LDI	动断触点与左母线相连或处于支路的起始位置
	A	AND	动合触点与前面部分的串联
	AN	ANI	动断触点与前面部分的串联
	O	OR	动合触点与前面部分的并联
	ON	ORI	动断触点与前面部分的并联
连续指令	OLD	ORB	串联触点组之间的并联
	ALD	ANB	并联触点组之间的串联
特殊指令	=	OUT	驱动线圈的指令
	END	END	结束指令

指令语句表通常根据梯形图编写。例如图 8.7.3 所示电动机正反转控制电路梯形图,以西门子产品助记符为例,参照表 8.7.1 可写出对应语句如下:

LD	I0.0	LD	I0.1	END
O	Q0.0	O	Q0.1	
AN	Q0.1	AN	Q0.0	
A	I0.3	A	I0.3	
AN	I0.2	AN	I0.2	
=	Q0.0	=	Q0.1	

各大厂商生产的 PLC 机理相同，但是梯形图和指令语言会有所区分。

专题探讨

【专 8.2】　讨论继电接触器控制与 PLC 控制的联系和区别。

【专 8.3】　以时间控制为例，讨论如何在长动控制电路(图 8.2.8)基础上应用"并联思维"扩展为两个电机控制电路；如何应用"串联思维"增设普通开关，进行延时控制；如何应用"取代思维"使用时间继电器触点取代普通开关，最终设计完成时间控制电路(图 8.6.2)。

第 16 课

三题练习

【练 8.4】　按钮 SB、接触器 KM 和行程开关 SQ 有何异同？

【练 8.5】　有一两驱四轮电动小车，需要完成前进、后退、左右转弯，由交流电动机驱动，使用低压电器设计控制电路。假设 M_1 驱动左前轮，M_2 驱动右前轮，由 KM_1 控制 M_1，KM_2 控制 M_2。

【练 8.6】　图 1 所示为三相异步电动机星-三角降压启动控制电路，为了实现星形到三

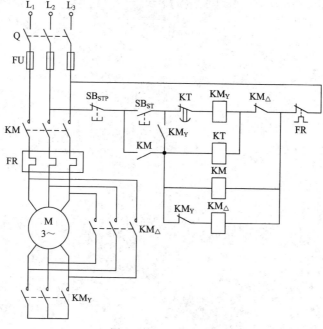

图 1　练 8.6 的电路

角形的延时转换，采用了时间继电器 KT。启动按钮为 SB_{ST}，接触器 KM_Y 控制电动机定子绕组为星形联结，接触器 $KM_\triangle$ 控制电动机定子绕组为三角形联结。分析其工作原理与过程。

项目应用

使用低压电器对某型号车床进行继电接触器控制系统设计，电力拖动及控制要求如下：

(1) 该车床为小型机床，电机容量小，采用直接启动。

(2) 要求分别控制三个电机：主轴电动机、刀架快速移动电机、冷却泵电机，均为三相笼型异步电动机。主轴电动机实现正反转即可。

(3) 刀架快速移动电动机单向旋转，点动控制即可。

(4) 加工过程中为防止刀具和工件的温度过高，需要附有冷却泵。冷却泵电机只需单向旋转，手动控制。

(5) 主轴电动机和冷却泵电机要实现顺序控制。

(6) 必须有过载、短路、失压保护。

(7) 机床要有照明设施，照明设施采用 36 V 安全电压。

(8) 无需设计制动。

第 三 部 分

模拟电子技术

半导体器件

　　近几十年来，电子技术发展非常迅速，应用也越来越广泛，目前已经成为现代科学技术的重要组成部分。那么，究竟什么是电子技术？简单地说，电子技术就是研究电子器件、电子电路及其应用的科学技术。

　　半导体器件是各种分立、集成电子电路最基本的元器件。本模块只介绍常用的半导体器件：二极管和三极管。学习的重点在于了解半导体器件的外部特性以及如何用于电路之中，不深入讨论器件内部微观的物理过程及生产工艺。

能力要素

　　(1) 理解二极管的单向导电性，能够对整流、检波、限幅、钳位、隔离等电路进行分析。

　　(2) 能够对普通、稳压、发光二极管电路进行数值计算。

　　(3) 能够对三极管的工作状态进行判断。

　　(4) 能够将三极管的放大及开关特性应用于电路中。

知识结构

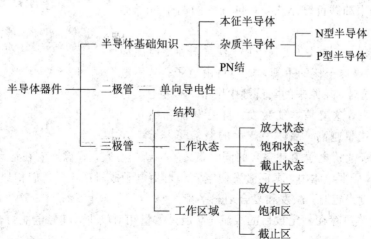

（1）调研普通二极管、稳压二极管、发光二极管和三极管，观察其外形，了解其型号、引脚、参数和作用，使用仪表判别其好坏。

（2）列举生活中用到二极管及三极管的实际电路，分析其工作特性。

（3）完成本模块的项目应用。

➡ 第 17 课

本次课首先简要介绍半导体的基本知识，接着讨论半导体器件的核心——PN结。在此基础上，讨论二极管的结构、工作原理、特性曲线和主要参数，以及二极管的典型应用。

9.1　半导体基础知识

半导体的导电能力介于导体和绝缘体之间，常态下接近于绝缘体。当受到外部光、热等的作用，或者在纯净的半导体中掺入某些杂质，其导电能力明显提升。典型的半导体材料是硅（Si）和锗（Ge）。

9.1.1　本征半导体

完全纯净的、晶格完整的半导体称为本征半导体。如图9.1.1所示，硅是四价元素，每个硅原子外围有四个电子，硅原子之间形成了八电子稳定结构，每两个电子形成硅单晶中的共价键结构，共价键中的两个电子称为价电子。

价电子获得一定能量（受到光照、温度升高、电磁场激发）后，可挣脱原子核的束缚，成为自由电子，简称电子，带负电。同时，在原来的共价键中留下一个空位，称为空穴，带正电，这就是本征激发。自由电子和空穴统称为载流子。能量越高，晶体中产生的载流子越多。在

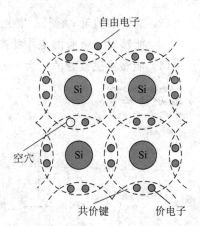

图 9.1.1　本征半导体

外电场的作用下，价电子填补空穴的同时，又产生新的空穴，好像空穴在运动（相当于正电荷移动）。在本征半导体中，本征激发使空穴和自由电子成对产生；它们相遇复合时，也成对消失。当温度一定时，激发和复合动态平衡。

本征半导体虽存在一定数目的载流子，但是数量相对较少，其导电能力较弱。

9.1.2　杂质半导体

本征半导体的电阻率较大且对温度变化十分敏感,同时因其只有少量的载流子,导电能力较弱,因此不宜在半导体器件制造中直接使用。如果在本征半导体内部掺杂某些元素,就可以提升半导体的导电性能,这种半导体称为杂质半导体。根据掺杂元素的不同,分为 N 型半导体和 P 型半导体。

1. N 型半导体

如图 9.1.2(a)所示,在本征半导体中掺入五价元素磷(P)后,磷原子外围有五个价电子,与硅形成八电子稳定结构后,会有一个多余价电子,该价电子在常温下即为自由电子,但并不同时产生空穴。磷原子因失去一个价电子成为正离子。掺入的杂质密度足够大时,有大量的自由电子产生,电子是多数载流子,简称多子。电子带负(negative)电,所以称这种半导体为 N 型半导体或电子型半导体。N 型半导体中还有少量本征激发产生的空穴,是少数载流子,简称少子。

2. P 型半导体

如图 9.1.2(b)所示,在本征半导体中掺入三价元素硼(B)后,硼原子只有三个价电子,在构成八电子稳定结构时,因缺少一个电子而产生一个空位。当相邻原子的价电子受到激发时,就有可能填补这个空位,而在相邻原子中便产生了一个空穴。因此这种杂质半导体的多子是空穴,因空穴带正(positive)电,所以称为 P 型半导体或空穴型半导体,其少子为电子。

多子的浓度取决于掺入杂质的密度,少子的浓度主要取决于温度,所产生的离子不参与导电,不属于载流子。

由于杂质离子的存在,N 型或 P 型半导体都是电中性的,对外不显电性。

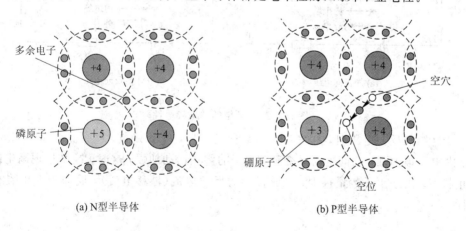

(a) N型半导体　　　　　　　　(b) P型半导体

图 9.1.2　杂质半导体

9.2　PN 结及其单向导电性

1. PN 结

将一块本征半导体掺杂成左右不同的两部分,如图 9.2.1 所示,左侧形成 P 型半导

体,右侧形成 N 型半导体。由于 P 型与 N
型半导体中的多子存在浓度差,使多子相
互扩散,通过交界面到达对方,并与对方的
多子复合,因此在交界面两侧形成了不能
移动的离子区,称为空间电荷区,即 PN
结。

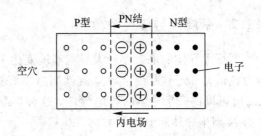

图 9.2.1　PN 结的形成示意图

在空间电荷区,一侧带正电,另一侧
带负电,像充了电的电容器一样,形成从
N 区指向 P 区的电场,称为内电场。内电场对多子的扩散起阻碍作用,同时也会让少子漂
移到对方区域。扩散运动越强,空间电荷区越宽,内电场越强,扩散运动减弱,漂移运动加
强,又促使空间电荷区变窄,扩散运动又加强,所以,扩散和漂移这一对相反的运动,最终
会达到动态平衡,PN 结的宽度保持不变。

2. PN 结的单向导电性

PN 结外加正向电压,称之为正向偏置(正偏),即 P 接正,N 接负,如图 9.2.2(a)所
示。正向偏置时,PN 结内电场被削弱,多子的扩散加强,形成较大的扩散电流,这时 PN
结呈现低电阻,处于导通状态。

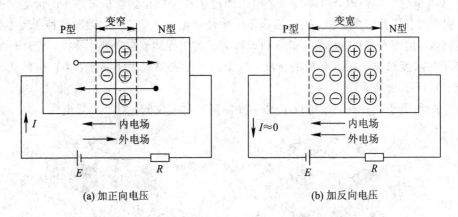

(a) 加正向电压　　　　　　　　　(b) 加反向电压

图 9.2.2　PN 结的单向导电性

当 PN 结加反向电压时,称之为反向偏置(反偏),即 P 接负,N 接正,如图 9.2.2(b)
所示。内电场被加强,空间电荷区变宽,少子的漂移运动加强,这时 PN 结呈现高电阻,处
于截止状态。由于少子数量很少,形成很小的反向电流(漂移电流),此即为 PN 结的单向
导电性。

9.3　二　极　管

将 PN 结加上相应的电极引线及管壳后,就成为了二极管。常见的二极管外形及符号
如图 9.3.1 所示。

按结构分,二极管可分为以下几种:

(1)点接触型:结面积小、结电容小、正向电流小,适用于高频和小功率工作,也用作

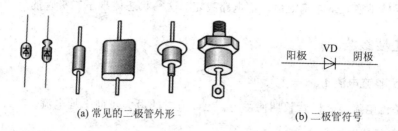

(a) 常见的二极管外形　　　　　　　　(b) 二极管符号

图 9.3.1　二极管外形和符号

数字电路中的开关元件(一般为锗管,如国产 2AP 型)。

(2) 面接触型:结面积大、结电容大、正向电流大,适用于低频整流电路(一般为硅管,如国产 2CZ 型)。

(3) 平面型:结面积可大可小,用于高频整流和开关电路中。

9.3.1　伏安特性

二极管所加电压与流过电流之间的关系称为其伏安特性,如图 9.3.2 所示。

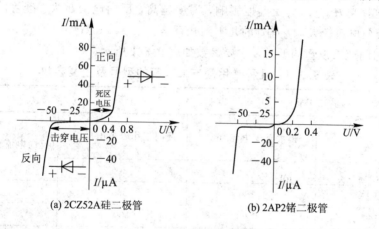

(a) 2CZ52A硅二极管　　　　　　(b) 2AP2锗二极管

图 9.3.2　二极管伏安特性

(1) 二极管正向偏置:当正向电压很小时,外电场能力不够强,无法克服内电场对多子扩散的阻力,所以二极管并未真正导通,正向电流很小。当正向电压超过一定数值后,电流增长很快,这个一定数值的电压称为死区电压,其大小与材料及环境温度有关。通常硅管的死区电压约 0.5 V,锗管的约为 0.1 V。

(2) 当正向电压大于死区电压后,正向电流迅速增大,二极管真正导通,曲线比较陡。在正常工作范围之内,二极管两端的电压几乎稳定不变,称为通态电压,硅管约 0.6~0.8 V,锗管约 0.2~0.3 V,而二极管的正向电流则由外部电路决定。这一状态体现了二极管的正向稳压作用。

(3) 当二极管反向偏置时,外电场和内电场同向,少子的漂移形成了很小的反向电流。反向电流在一定电压范围内保持常数,称为反向饱和电流,此时二极管处于截止状态。

(4) 当外加反向电压大于某一电压值后,反向电流迅速增大,二极管失去单向导电性,二极管被击穿,这一电压称为反向击穿电压。从图 9.3.2 可以看出,二极管被反向击穿后,电压基本保持不变，而电流则由外部电路决定。这一状态体现了二极管的反向稳压作用。

9.3.2　主要参数

1. 最大整流电流 I_{OM}

最大整流电流指二极管长期使用时，允许流过的最大正向平均电流。

2. 反向击穿电压 U_{BR}

反向击穿电压指二极管能承受的最高反向电压，超过后将导致二极管被击穿。这一电压值与温度有关。二极管击穿后单向导电性被破坏，甚至会由于过热而烧坏。

3. 反向工作峰值电压 U_{RWM}

反向工作峰值电压指保证二极管不被击穿而给出的反向峰值电压，一般是二极管反向击穿电压 U_{BR} 的一半或三分之二。

4. 反向峰值电流 I_{RM}

反向峰值电流指二极管加反向工作峰值电压时的反向电流值。反向电流越小，说明二极管单向导电性越好。I_{RM} 会受温度影响，温度越高，反向电流越大。硅管的反向电流较小，锗管的反向电流较大，为硅管的几十到几百倍。

几种常用国产二极管的型号及主要参数如表 9.3.1 所示。

表 9.3.1　几种常用国产二极管的型号及主要参数

① 2AP1～7 检波二极管			
型　　号	最大整流电流/mA	反向工作峰值电压/V	反向击穿电压 （反向电流为 400 μA）/V
2AP1	16	20	≥40
2AP3	25	30	≥45
2AP7	12	100	≥150
② 2CZ 系列整流二极管			
型　　号	最大整流电流/A	反向工作峰值电压/V	最大整流电流下的 正向压降/V
2CZ11A	1	100	1
2CZ11B	1	200	1
2CZ12B	3	200	0.8
2CZ56C	3	100	0.8

9.3.3　二极管的应用

由于二极管具有单向导电性，因此可用于整流、检波、限幅、钳位、隔离和保护元件等，也可在数字电路中作为开关元件。实际的二极管应考虑通态电压，而理想二极管的通态电压为零，反向电流为零。在本节中，均认为二极管为理想二极管。

分析方法：将二极管断开，若 $V_阳 > V_阴$，则二极管导通；反之，二极管截止。

1. 整流电路中的应用

利用二极管的单向导电性，可以将交流电变为单向脉动直流电，起到整流的作用。实现整流功能的电路称为整流电路，如图 9.3.3(a)所示。

分析：若 $u_2 = \sqrt{2}U_2 \sin\omega t$，当 $u_2 > 0$ 时，二极管 VD 导通，负载电压 $u_o = u_2$；当 $u_2 < 0$ 时，二极管 VD 截止，负载电压 $u_o = 0$，输出波形如图 9.3.3(b)所示。

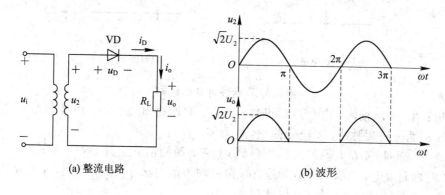

(a) 整流电路　　　　　　　　(b) 波形

图 9.3.3　整流电路及其波形

2. 限幅电路中的应用

限幅电路如图 9.3.4(a)所示，已知 $u_i = 18\sin\omega t$ V，则输出电压 u_o 波形如图 9.3.4(b)所示。

分析：二极管阴极电位为 8 V，阳极电位为 u_i。若 $u_i > 8$ V，则二极管导通，可视为短路，$u_o = 8$ V；若 $u_i < 8$ V，则二极管截止，可视为开路，$u_o = u_i$。该电路为上限幅电路。

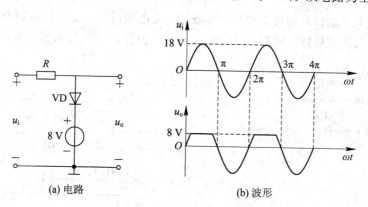

(a) 电路　　　　　　　　(b) 波形

图 9.3.4　限幅电路及其波形

限幅电路还有下限幅及双向限幅电路，分析方法类似。

3. 检波电路中的应用

检波电路如图 9.3.5(a)所示，输出电压 u_o 的波形如图 9.3.5(b)所示。二极管起检波作用，除去正尖脉冲。

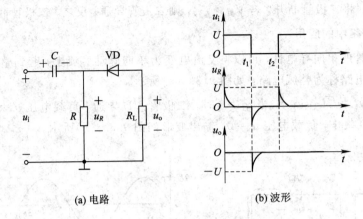

(a) 电路　　　　　　　　　　(b) 波形

图 9.3.5　检波电路及其波形

分析：在 $0\sim t_1$ 期间，电容器 C 很快被充电，其两端电压为 U，极性如图 9.3.5(a)所示。此时 u_R 为一正尖脉冲，二极管截止，u_o 为零。

在 $t_1\sim t_2$ 期间，u_i 在 t_1 瞬间由 U 下降到 0，在 t_2 瞬间由 0 上升到 U。在 t_1 瞬间，电容器经 R 和 R_L 两路放电，二极管 VD 导通，u_R 和 u_o 均为负尖脉冲。在 t_2 瞬间，u_i 经 R 再次对电容器充电，二极管截止，u_o 为零，以此类推。

4. 箝位和隔离电路中的应用

箝位和隔离电路如图 9.3.6 所示，两输入端的电位不同，VD_A、VD_B 的作用也不同。若 $V_A = +3\ \text{V}$，$V_B = 0\ \text{V}$。因 $V_A > V_B$，VD_A 优先导通（正向压差最大的二极管导通），使 $V_Y = 3\ \text{V}$，VD_A 起箝位作用。此时，$V_B < V_Y$，VD_B 截止，将 B 端与 Y 端隔离，VD_B 起隔离作用。

5. 二极管的保护作用

若控制器某一端口只能接正电压，不能接入负电压(比如 51 单片机的 U_{CC} 端)。为避免因电源极性接反造成故障，可在 U_{CC} 端放置一个二极管，如图 9.3.7 所示，此时二极管起到保护电路作用。

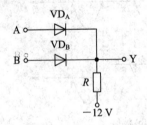

图 9.3.6　箝位和隔离电路

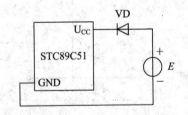

图 9.3.7　保护电路

9.4　其他二极管

1. 稳压二极管

稳压二极管利用的是二极管的反向击穿特性：当反向电流在一定范围内变化时，其两端电压几乎不变。因此，稳压二极管反向击穿后，可稳定直流电压。

通常用 VD_Z 来表示稳压二极管，其符号如图 9.4.1 所示。

（1）稳定电压 U_Z。

稳定电压指稳压二极管正常工作（反向击穿）时两端的电压。

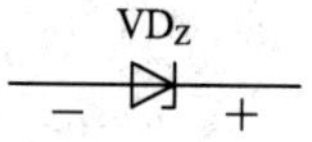

（2）电压温度系数 α_U。

电压温度系数指环境温度每变化 1℃引起稳压值变化的百
分数。

图 9.4.1　稳压二极管符号

（3）稳定电流 I_Z。

稳定电流为工作电压等于稳定电压时的反向电流。

最小稳定电流 I_{Zmin}：稳压二极管工作于稳定电压时所需的最小反向电流。

最大稳定电流 I_{Zmax}：稳压二极管允许通过的最大反向电流。

（4）动态电阻 r_Z。

动态电阻的定义如下：

$$r_Z = \frac{\Delta U_Z}{\Delta I_Z}$$

r_Z 愈小，曲线愈陡，稳压性能愈好。

（5）最大允许耗散功率 P_{ZM}。

反向电流通过稳压二极管的 PN 结时，要产生一定的功率损耗，PN 结的温度也将升高。根据允许的 PN 结工作温度决定二极管的耗散功率，通常小功率管约为几百毫瓦至几瓦。

反向工作时，PN 结的功率损耗为

$$P_Z = U_Z I_Z$$

稳压二极管的最大允许耗散功率 P_{ZM} 取决于 PN 结的面积和散热等条件。

I_{Zmax} 与 P_{ZM} 之间的关系为

$$I_{Zmax} = \frac{P_{ZM}}{U_Z}$$

2. 发光二极管

当发光二极管（LED）加上正向电压并有足够大的正向电流时，就能发出一定波长范围的光。目前的发光二极管可以发出从红外到可见波段的光，它的电特性与一般二极管类似。

发光二极管的工作电压为 1.5～3 V，工作电流为几毫安至十几毫安，其图形符号如图 9.4.2 所示。

3. 光电二极管

光电二极管在反向电压作用下工作。当无光照时，和普通二极管一样，其反向电流很小，称为暗电流；当有光照时产生较大的反向电流，称为光电流。

照度越强，光电流也越大。光电流一般只有几十微安，应用时必须放大。通过光电二极管可将光信号转换成电信号，其图形符号如图 9.4.3 所示。

图 9.4.2 发光二极管图形符号   图 9.4.3 光电二极管图形符号

专题探讨

第 17 课

【专 9.1】 电路如图 1 所示，$R_1 = 500\ \Omega$，$R_2 = 1000\ \Omega$，稳压二极管 VD_Z 的稳定电压 $U_Z = 10\ V$，最大稳定电流 $I_{Zmax} = 12\ mA$。讨论 E 分别为 18 V、8 V、−10 V 时，稳压二极管工作在什么状态？通过的电流 I_Z 是多少？

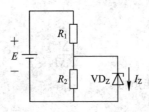

图 1 专 9.1 的电路

三题练习

【练 9.1】 电路如图 2 所示，$u_i = 5\sin\omega t\ V$，二极管均为理想二极管，试画出输出电压 u_o 的波形。

【练 9.2】 电路如图 3 所示，二极管均为理想二极管，计算电流 I_1、I_2、I_3、I。

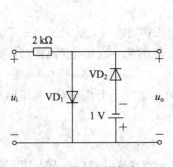

图 2 练 9.1 的电路

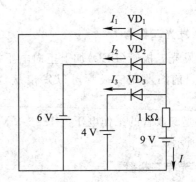

图 3 练 9.2 的电路

【练 9.3】 已知某红色发光二极管的工作电压为 2 V，工作电流为 4～8 mA，在 5 V 电源的激励下，求其串联电阻器的阻值，并说明该电阻器在电路中起什么作用。

第 18 课

三极管,全称为半导体三极管,又称晶体管,是一种重要的半导体器件。它的放大作用和开关作用促使电子技术飞跃发展。本次课主要讨论三极管的结构及工作状态,在具体讲授过程中,着重讨论多子的运动,忽略少子的影响。

理论内容

9.5 三 极 管

9.5.1 基本结构

如图 9.5.1(a)所示,将一块本征半导体掺杂成三部分,形成 NPN 型或 PNP 型结构。各自形成三个区域:集电区、基区、发射区;两个 PN 结:集电结与发射结。分别从三个区引出三个电极:集电极、基极、发射极。封装后形成 NPN 型或 PNP 型三极管。由于三极管有两种载流子参与导电,因此又称为双极型晶体管,通常用 V 来表示,其符号如图 9.5.1 (b)所示。

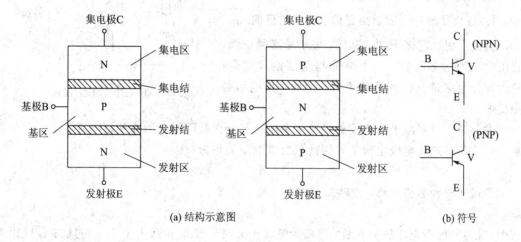

(a) 结构示意图   (b) 符号

图 9.5.1 三极管的结构示意图和符号

三个区域的内部特征:发射区掺杂浓度较高,用于发射载流子;集电区尺寸较大,同时掺杂浓度较低,用于收集载流子;基区很薄且掺杂浓度较低,用于控制载流子。

常见三极管外形如图 9.5.2 所示。

需要注意的是:

(1) NPN 型与 PNP 型三极管图形符号的箭头方向不同,它表示发射结正向偏置时流

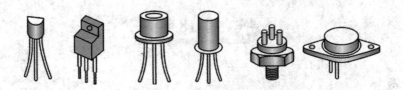

图 9.5.2　常见三极管外形

过发射结的电流方向。

（2）三极管并不是两个二极管的简单组合，不能用两个二极管代替一个三极管。

（3）一般情况下，三极管的发射极和集电极不能互换使用。

9.5.2　工作状态

三极管在电路中具有放大和开关作用。放大作用指三极管可将电路中的微弱电流信号放大；开关作用指三极管可以控制用电设备的通断。三极管在电路中起何种作用取决于其工作状态。

由于三极管有两个 PN 结，因此对于三极管的工作状态研究主要集中于讨论发射结与集电结的偏置状态。

如图 9.5.3 所示电路，以 NPN 型三极管为例，设置偏置电源 U_{BB} 及 U_{CC}，因两电压源共用了发射极，所以称共射极接法。其中 U_{BB}、基极电阻 R_B 与基-射极电压 U_{BE} 形成输入回路；U_{CC}、集电极电阻 R_C 与集-射极电压 U_{CE} 形成输出回路。

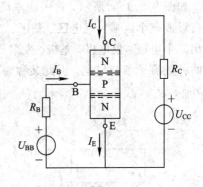

图 9.5.3　三极管外加偏置电压

1. 放大状态——发射结正偏、集电结反偏

为使发射区的多子到达基区，发射结必须正偏。自由电子到达基区后，一小部分与基区空穴复合，绝大部分会穿过基区到达集电区，此时，集电结必须反偏。

发射区发射载流子形成发射极电流 I_E，少部分在基区复合形成基极电流 I_B，大部分被集电区收集形成集电极电流 I_C，因此三极管电流关系为

$$I_E = I_B + I_C$$

经过实验和数据测算，忽略反向饱和电流，可得

$$I_C = \beta I_B$$

其中，β 为共射极电流放大系数，一般为几十至几百。因此 I_C 远大于 I_B，而且与 I_B 呈比例关系。

三极管基极电流 I_B 的微小变化能够引起集电极电流 I_C 较大变化的特性称为三极管的电流放大作用。其实质是用一个微小电流的变化去控制一个较大电流的变化。

集-射极电压为

$$U_{CE} = U_{CC} - R_C I_C$$

2. 饱和状态——发射结正偏、集电结正偏

当 U_{CC} 降低，使 $U_{CB} \leqslant 0$ 时，因

$$U_{CE} = U_{CB} + U_{BE}$$

则可认为三极管集电极与发射极之间短路，集电极电流达到最大，且受集电极电阻 R_C 的限制，其最大值为

$$I_{Cmax} = \frac{U_{CC}}{R_C}$$

此时，即使增加 I_B，I_C 也不再随 I_B 的增大而增大，这种偏置状态称为饱和状态。

3. 截止状态——发射结反偏、集电结反偏

当 $U_{BE} \leqslant 0$ 时，发射结阻碍多子扩散，发射极电流几乎为零，集电结流过反向饱和电流。基极失去了对集电极电流的控制作用，三极管进入截止状态。

需要说明的是：

（1）三极管放大电流时，被放大的 I_C 是由电源 U_{CC} 提供的，并不是三极管自身生成的。

（2）三极管是一种电流控制器件，当三极管起放大作用时，工作在放大状态；当三极管起开关作用时，工作在饱和（开关闭合）与截止（开关断开）状态。

9.5.3　特性曲线

三极管特性曲线即三极管各电极电压与电流的关系曲线，反映了三极管的性能，是分析放大电路的依据。选取 3DG100A 型号的硅管作为分析对象，图 9.5.4 给出了 3DG100A 特性曲线测试电路。

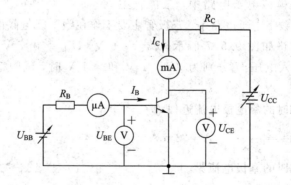

图 9.5.4　3DG100A 特性曲线测试电路

1. 输入特性曲线

输入特性是指当 U_{CE} 为常数时，输入回路中 I_B 与 U_{BE} 之间的关系，即 $I_B = f(U_{BE})|_{U_{CE}=常数}$，如图 9.5.5 所示。

输入特性是在输入回路中讨论发射结的状态。发射结本质是一个二极管，因此其特性和二极管正向曲线一致。正常工作时发射结电压：NPN 型硅管 $U_{BE} \approx (0.6 \sim 0.7)V$；PNP 型锗管 $U_{BE} \approx (-0.2 \sim -0.3)V$。

U_{CE} 大于 1 V 的输入特性曲线变化很小。因为 U_{CE} 大于 1 V 后，集电结反偏，由于基区很薄，绝大多数载流子都可以穿过基区到达集电区，形成集电极电流，所以当继续增大

U_{CE}时，对输入特性曲线几乎不产生影响。

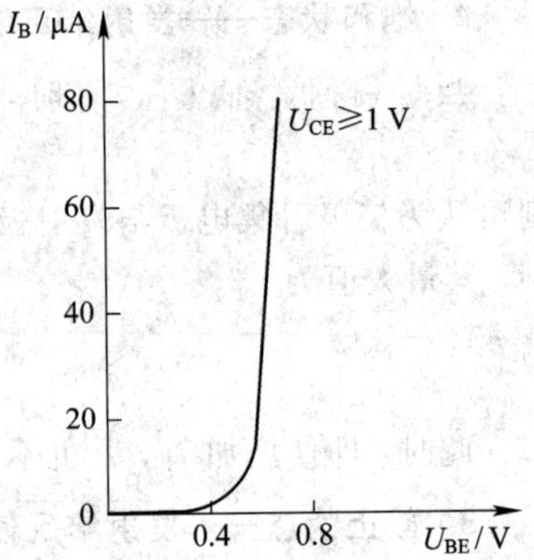

2. 输出特性曲线

输出特性是指在输出回路中 I_C 与 U_{CE} 之间的关系，即 $I_C = f(U_{CE})|_{I_B=常数}$。在不同的 I_B 下，可得出不同的 I_C 和 U_{CE} 之间的关系，所以三极管的输出特性曲线由多条曲线组成。选取 $I_B = 0、20、40、60、80(\mu A)$，绘制得出 3DG100A 的输出特性曲线如图 9.5.6 所示。

（1）放大区。

放大区又叫线性区。在此区域，三极管工作于放大状态，具有恒流特性且

$$I_C = \beta I_B$$

（2）截止区。

$I_B = 0$ 对应的输出特性曲线与横轴之间的区域称为截止区。在此区域，三极管工作在截止状态且

$$I_C \approx 0, \quad U_{CE} \approx U_{CC}$$

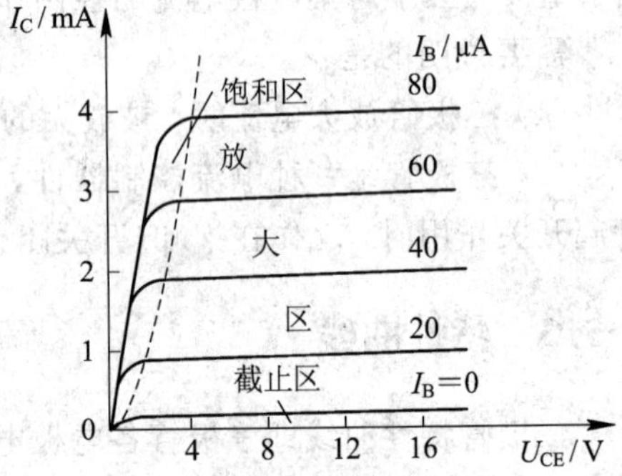

（3）饱和区。

输出特性曲线几乎垂直上升的部分与虚线之间的区域称为饱和区。在此区域，I_C 不受 I_B 的控制，只随 U_{CE} 增大而增大。

一般情况下，在模拟电子电路中，三极管主要工作在放大区；在数字电子电路中，三极管主要工作在饱和区与截止区。

图 9.5.5　3DG100A 输入特性曲线

图 9.5.6　3DG100A 输出特性曲线

【例 9.5.1】 电路如图 9.5.7 所示，$U_{CC} = 6$ V，$U_{BE} = 0.7$ V，$R_C = 3$ kΩ，$R_B = 10$ kΩ，$\beta = 25$，当输入电压 U_I 分别为 3 V、1 V 和 −1 V 时，试问三极管处于何种工作状态？

解　三极管饱和时的集电极电流近似为

$$I_C \approx \frac{U_{CC}}{R_C} = \frac{6}{3 \times 10^3} \text{ A} = 2 \text{ mA}$$

三极管临界饱和时的基极电流为

$$I_B' \approx \frac{I_C}{\beta} = \frac{2}{25} \text{ mA} = 0.08 \text{ mA}$$

（1）当 $U_I = 1$ V 时，有

$$I_B = \frac{U_I - U_{BE}}{R_B} = \frac{1 - 0.7}{10 \times 10^3} \text{ A} = 0.03 \text{ mA} < I_B'$$

则三极管处于放大状态。

（2）当 $U_I = 3$ V 时，有

$$I_B = \frac{U_I - U_{BE}}{R_B} = \frac{3 - 0.7}{10 \times 10^3} \text{ A} = 0.23 \text{ mA} > I_B'$$

则三极管处于饱和状态。

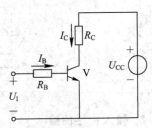

图 9.5.7　例 9.5.1 的电路

（3）当 $U_I = -1$ V 时，发射结反偏，三极管处于截止状态。

9.5.4 主要参数

1. 电流放大系数 $\bar{\beta}$、β

当三极管放大电路采用共射极接法时，直流电流和交流电流的放大系数分别为

$$\bar{\beta} = \frac{I_C}{I_B}, \quad \beta = \frac{\Delta I_C}{\Delta I_B}$$

在输出特性曲线近于平行等距且集-射极反向截止电流 I_{CEO} 较小的情况下，两者数值较为接近。因此今后估算时，常用 β 表示电流放大系数。

由于三极管的输出特性曲线是非线性的，只有在特性曲线近于水平的部分，I_C 随 I_B 成正比变化，β 值才可认为是基本恒定的。常用三极管的 β 值在 20 ～ 200 之间。

2. 集电极最大允许电流 I_{CM}

集电极电流超过一定值时，三极管的 β 值会下降。当 β 值下降到正常值的三分之二时对应的集电极电流即为集电极最大允许电流。

3. 集-射极反向击穿电压 $U_{BR(CEO)}$

基极开路时，集电极和发射极之间的最大允许电压称为集-射极反向击穿电压。当 $U_{CE} > U_{BR(CEO)}$ 时，I_{CEO} 突然大幅上升，此时三极管已被击穿。

4. 集电极最大允许耗散功率 P_{CM}

三极管集电极上允许的最大功率损耗称为集电极最大允许耗散功率：

$$P_{CM} = U_{CE} I_{CM}$$

P_{CM} 取决于三极管允许的温升，消耗功率过大、温升过高会损坏三极管。P_{CM} 限制了三极管的线性工作区。

几种常用三极管的型号及主要参数如表 9.5.1 所示。

表 9.5.1 几种常用三极管的型号及主要参数

型 号	类型	P_{CM}/W	I_{CM}/A	$U_{BR(CEO)}$/V
2N2222	NPN	0.5	0.8	60
3DG100A	NPN	0.1	0.02	20
9013	NPN	0.625	0.5	50
8550	PNP	0.625	0.8	50
2SB1316	PNP	10	2	100
2SA1758	PNP	30	6	100

《专题探讨》

【专 9.2】 参考本次课内容，构建 PNP 型三极管放大电路，讨论其工作过程。

第 18 课

《三题练习》

【练 9.4】　电路如图 9.5.4 所示，测得 $I_C = 3$ mA，$I_E = 3.06$ mA，求 I_B 和 β 各为多少？

【练 9.5】　测得某电路板上三极管三个电极对地的电位分别为 $V_E = 3$ V，$V_B = 3.7$ V，$V_C = 3.3$ V，推测该管是硅管还是锗管？工作在什么状态？

【练 9.6】　声光报警电路如图 1 所示，正常情况下，A 端电位为 0；若前接装置发生故障时，A 端电位上升至 5 V。分析其工作原理，并说明各个元件的作用。

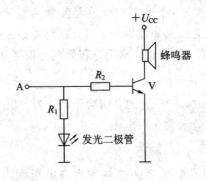

图 1　练 9.6 的电路

《项目应用》

某电厂宿舍楼要求设计一自动关灯电路(用于走廊或楼道照明)，满足条件如下：

(1) 按下按钮(SB)，220 V 照明灯 EL 点亮，经过一定时间自动熄灭；

(2) 使用三极管作为自动通断控制元件；

(3) 使用直流继电器作为电磁吸合器件。

请查阅资料，设计相关电路并选择元器件。

分立元件放大电路

　　控制器的输出端直接驱动直流电动机时，由于控制器的输出功率小，会出现无法带动电动机运转的现象。因此，通常在控制器与直流电动机之间设置放大电路，用来提高控制器的带载能力。类似的，传感器将采集到的信息转化为微弱的电信号后，只有将电信号放大到可以测量和利用的程度，才能驱使仪表或执行机构动作。可见，放大电路在电子设备中的应用十分广泛。

　　在生产和科学实验中，通常利用三极管的放大作用实现用微弱信号控制较大功率的负载。

能力要素

　　(1) 能够识别固定式偏置、分压式偏置放大电路，射极输出器及多级放大电路。
　　(2) 能够绘制共射极放大电路的直流通路，并求解其静态工作点。
　　(3) 能够绘制共射极放大电路的微变等效电路，并求解其动态指标。

知识结构

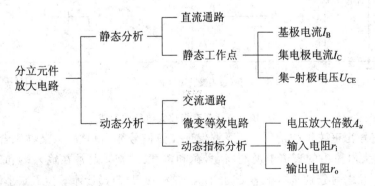

实践衔接

　　调研一种实际的分立元件放大电路(扩音器、测温电路等)，分析其静态及动态特性，阐述该电路的功能与利弊。

第 19 课

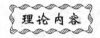

导学导课

本次课以共射极接法的放大电路为例,首先说明放大电路的组成,再分析放大电路的工作原理,最后讨论静态工作点的设置方法及其对放大电路的影响。

理论内容

10.1 共射极放大电路的组成

三极管要实现放大,必须满足一定的外部条件,即:发射结正偏,集电结反偏。为此,参考图 9.5.4,设置合适的偏置电源 U_{BB} 和 U_{CC},可得放大电路的雏形如图 10.1.1(a)所示。为了将放大信号输送进来,由基极 B 引出输入线与地之间形成输入端。输入端接信号源或前级放大电路。为了将放大后的信号输送出去,由集电极 C 引出输出线与地之间形成输出端。输出端接负载或后级放大电路。

基极电阻 R_B 的作用是获得合适的电流以保证三极管工作在放大状态,又称偏置电阻,其值约为几十千欧至几百千欧。集电极电阻 R_C 将集电极电流的变化转换为电压的变化,实现电压放大,一般为几千欧至几十千欧。

图 10.1.1(a)中采用了两个直流电源,不实用。可将 R_B 接 U_{BB} 正极的一端改接到 U_{CC} 的正极,省去 U_{BB},如图 10.1.1(b)所示。

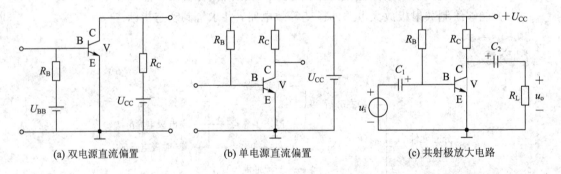

(a) 双电源直流偏置   (b) 单电源直流偏置   (c) 共射极放大电路

图 10.1.1 共射极放大电路的组成

在输入信号为正弦量的情况下,既要保证交流信号能顺利输送(又称耦合)进来和输送出去,又使放大电路中的直流电源与"信号源和负载"隔离,通常在输入端和信号源之间以及输出端与负载之间分别接有电容 C_1 和 C_2,如图 10.1.1(c)所示。为了减小信号传递时的电压损失,C_1、C_2 应选得较大,一般为几微法至几十微法,通常采用电解电容器。因输入回路和输出回路共用发射极,图 10.1.1(c)所示电路通常称为共射极放大电路,其中 u_i 为输入电压,R_L 为负载电阻,u_o 为输出电压。

10.2　电路的电压放大作用

10.2.1　无信号输入

输入端未加输入信号时，放大电路的工作状态称为静态。

静态时，三极管各极电压和电流都是直流量。由于电容的隔直作用，输入端和输出端不会有直流电压和电流。

U_{CC} 经 R_B 给发射结加上了正向偏置电压，同时，经 R_C 给集电结加上了反向偏置电压，三极管处于放大状态。于是，发射极发射载流子形成了静态基极电流 I_B、集电极电流 I_C、发射极电流 I_E 及集-射极电压 U_{CE}。静态时的基极电流又称为偏置电流，简称偏流。各静态值的波形如图 10.2.1 所示。

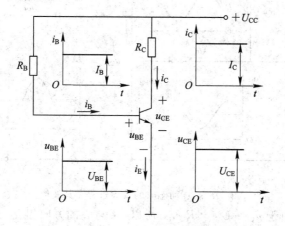

图 10.2.1　静态时的放大过程及其波形

静态时，由电流 I_B、I_C 和电压 U_{BE}、U_{CE} 在输入、输出特性曲线上确定的工作点称为静态工作点 Q，如图 10.2.2 所示。

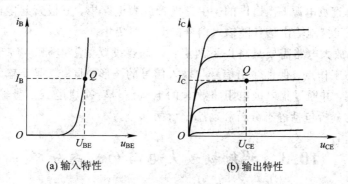

(a) 输入特性　　　　　　(b) 输出特性

图 10.2.2　静态工作点

10.2.2　有信号输入

输入端加上输入信号时，放大电路的工作状态称为动态。

交流输入信号 u_i 通过 C_1 耦合到三极管的发射结两端，给发射结施加了交流偏置电压 u_{be}。此时，发射结电压 u_{BE} 是 U_{BE} 与 u_{be} 的叠加。u_{BE} 始终大于零，三极管处于放大状态。发射结电压的变化引起各极电流和电压的相应变化，它们都包含有一个静态直流分量和一个动态交流分量，其波形如图 10.2.3 所示。需要注意的是：U_{BE}、u_{be}、u_{BE} 这样的形式分别表示静态直流值、动态交流值、瞬时总值。

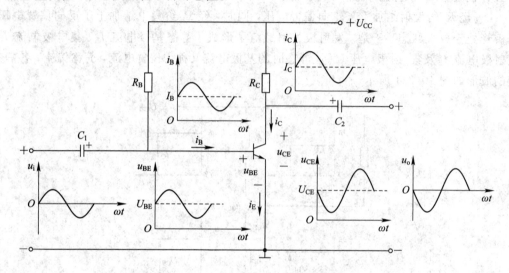

图 10.2.3　动态时的放大过程及其波形

图 10.2.3 中，由于 $u_{CE} = U_{CC} - R_C i_C$，所以 u_{CE} 与 i_C 的方向相反。同时由于 $u_o = u_{ce}$，所以 u_i 与 u_o 的相位也相反。需要注意的是：输入回路的电流为 i_B，输出回路的电流为 i_C，且 $i_C > i_B$，因此输出信号的功率大于输入信号的功率。

根据能量守恒原理，能量只能转换，不能凭空产生，当然也不可能放大，放大电路所增加的能量是由直流电源 U_{CC} 提供的。在三极管放大电路中，三极管起电流放大作用，称为放大元件，进而控制输出信号随输入信号的变化而变化。

由上可知，放大电路需要具备以下两点：一是要设置偏置电路，以产生合适的偏流，建立合适的静态工作点，保证输出信号与输入信号的波形相同；二是将输入信号耦合到三极管发射结两端，并通过集电极电阻将放大的电流信号转换成电压信号输送出去。因此，对于放大电路的分析包括静态分析和动态分析两部分。

10.3　共射极放大电路的静态分析

静态分析主要是确定放大电路中的静态工作点 Q，即确定 I_B、I_C 和 U_{CE} 的大小，使三极管工作在放大区，且使输出信号不失真。

以图 10.1.1(c) 所示的共射极放大电路为例，用估算法求解 Q 点。

1. 画直流通路

由于电容在直流电路中相当于开路，可得放大电路的直流通路如图 10.3.1 所示。

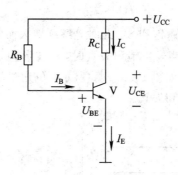

图 10.3.1 直流通路

2. 估算静态工作点

由图 10.3.1 可得静态基极电流

$$I_B = \frac{U_{CC} - U_{BE}}{R_B} \tag{10.3.1}$$

通常 $U_{BE} \ll U_{CC}$，则

$$I_B \approx \frac{U_{CC}}{R_B} \tag{10.3.2}$$

由三极管的放大特性，可得静态集电极电流

$$I_C = \beta I_B \tag{10.3.3}$$

静态集-射极电压

$$U_{CE} = U_{CC} - I_C R_C \tag{10.3.4}$$

由上可知，当 R_B 与 U_{CC} 的大小确定后，放大电路的静态工作点也随之确定，因此将这种放大电路的形式称为固定式偏置。

【例 10.3.1】 如图 10.1.1(c) 所示共射极放大电路中，$U_{CC} = 12$ V，$R_C = 3$ kΩ，$R_B = 200$ kΩ，$\beta = 40$，U_{BE} 忽略不计，求放大电路的静态工作点。

解 因 U_{BE} 忽略不计，所以

$$I_B \approx \frac{U_{CC}}{R_B} = \frac{12}{200} = 0.06 \text{ mA}$$

$$I_C = \beta I_B = 40 \times 0.06 = 2.4 \text{ mA}$$

$$U_{CE} = U_{CC} - R_C I_C = 12 - 7.2 = 4.8 \text{ V}$$

10.4 波形失真与静态工作点的稳定

10.4.1 波形失真

由静态分析可知，改变 R_B 的大小可以改变 I_B 的值，进一步改变 I_C 及 U_{CE} 的值，有可能

会使三极管进入饱和区或者截止区，导致输出信号波形失真。

当发生波形失真时，根据三极管工作区域不同，又分为饱和失真与截止失真。

1. 饱和失真

Q 点设置偏高，三极管进入饱和区。此时 i_B 继续增大而 i_C 不再随之增大，引起 i_C 及 u_{CE} 的波形失真，称为饱和失真。当发生饱和失真时，i_C 波形的正半周（顶部）发生畸变，u_{CE} 波形的负半周（底部）发生畸变，如图 10.4.1(a) 所示。可通过增大 R_B，减小 I_B 的方法，使静态工作点下移，减小或消除饱和失真。

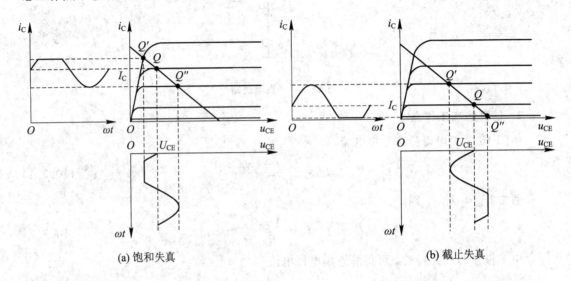

(a) 饱和失真　　　　　　　　　　　　　　(b) 截止失真

图 10.4.1　静态工作点不合适引起的非线性失真

2. 截止失真

Q 点设置偏低，三极管进入截止区，因而引起 i_B、i_C 及 u_{CE} 的波形失真，称为截止失真。当发生截止失真时，i_C 波形的底部发生畸变，u_{CE} 波形的顶部发生畸变，如图 10.4.1(b) 所示。可通过减小 R_B，增大 I_B 的方法，使静态工作点上移，减小或消除截止失真。

饱和失真和截止失真都是由于放大电路的工作点进入三极管非线性区而引起的，统称为非线性失真。若调节 R_B 不能消除失真，也可以考虑调节 U_{CC} 和 R_C。

温度变化、电源电压波动、元件老化等原因都可能使三极管参数发生变化，而其中最重要的原因是温度的变化，温度增加将使 I_C 增大，静态工作点上移。通常采用分压式偏置放大电路来稳定静态工作点。

10.4.2　分压式偏置共射极放大电路

分压式偏置共射极放大电路如图 10.4.2(a) 所示，它是一种应用最广泛的稳定静态工作点的放大电路。它与固定式偏置共射极放大电路的区别是在基极增加了一个偏置电阻，在发射极增加了一个射极电阻 R_E。两个基极偏置电阻 R_{B1} 和 R_{B2} 对直流电源 U_{CC} 分压，使基极电位 V_B 近似不变，因此称为分压式偏置。

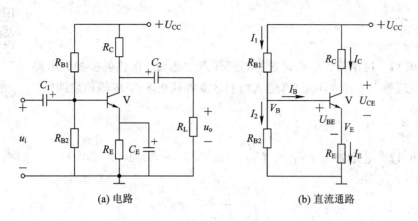

(a) 电路　　　　　　　　(b) 直流通路

图 10.4.2　分压式偏置放大电路

要稳定静态工作点，需做到下述两点：

(1) 保持基极电位 V_B 恒定，使它与 I_B 无关。

分压式偏置放大电路的直流通路如图 10.4.2(b) 所示。由图 10.4.2(b) 可得

$$U_{CC} = R_{B1} I_1 + R_{B2} I_2 = R_{B1}(I_2 + I_B) + R_{B2} I_2$$

假设 $I_2 \gg I_B$，则 $I_2 \approx \dfrac{U_{CC}}{R_{B1} + R_{B2}}$。因此

$$V_B = R_{B2} I_2 \approx \frac{R_{B2}}{R_{B1} + R_{B2}} U_{CC} \tag{10.4.1}$$

式(10.4.1)说明 V_B 与三极管参数无关，不随温度变化而改变，故 V_B 可认为恒定不变。

(2) 应使 V_E 恒定，不受 U_{BE} 的影响。

假设 $V_B \gg U_{BE}$。则

$$I_C \approx I_E = \frac{V_E}{R_E} = \frac{V_B - U_{BE}}{R_E} \approx \frac{V_B}{R_E} \tag{10.4.2}$$

具备上述条件后，就可认为工作点与三极管参数无关，从而达到稳定静态工作点的目的。同时，当选用不同 β 值的三极管时，工作点也近似不变，有利于调试和生产。实际中，选取 $I_2 \geq (5 \sim 10) I_B$，$V_B \geq (5 \sim 10) U_{BE}$。

显然

$$U_{CE} = U_{CC} - (R_C + R_E) I_C \tag{10.4.3}$$

分压式偏置放大电路实现静态工作点稳定的自动调节过程如下：

$$I_C\uparrow \longrightarrow I_E\uparrow \longrightarrow U_{BE}\downarrow (V_B - V_E)$$

$$I_C\downarrow \longleftarrow I_B\downarrow$$

当温度 T 升高而引起 I_C 增大时，发射极电阻 R_E 上的电压增大，就会使 U_{BE} 减小，从而使 I_B 自动减小以限制 I_C 的增大，工作点得到稳定。R_E 越大，稳定性能越好，但不能太大，否则将使发射极电位增高，从而减小输出电压的幅值。R_E 在小电流情况下为几百欧至几千欧，在大电流情况下为几欧至几十欧。

〖专题探讨〗

【专 10.1】　讨论放大电路设置静态工作点的意义。在共射极放大电路
中，如果发现静态工作点不适合（进入饱和区或者截止区），应该如何调整？　　第 19 课

〖三题练习〗

【练 10.1】　电路如图 1 所示，$U_{CC}=12$ V，$R_C=3$ kΩ，$\beta=50$，U_{BE} 可忽略，若 $U_{CE}=$
6 V，求 R_B。

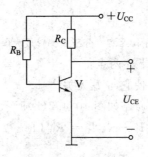

图 1　练 10.1 的电路

【练 10.2】　电路如图 2 所示，绘制其直流通路。

【练 10.3】　电路如图 3 所示，$U_{CC}=24$ V，$R_C=2$ kΩ，$R_E=2$ kΩ，$E=6$ V，$\beta=100$，
$U_{BE}=0.7$ V。求静态工作点。

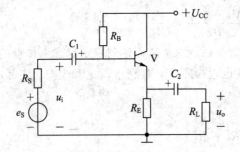

图 2　练 10.2 的电路

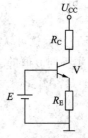

图 3　练 10.3 的电路

第 20 课

〖导学导课〗

　　本次课主要讨论固定式偏置共射极放大电路的动态特性。放大电路的动态特性是分析
放大电路性能的重点，也是难点。通过对放大电路的交流通路进行小信号微变等效，将三
极管非线性电路等效为线性电路，利用线性电路的基本分析方法求解放大电路动态性能指

标：电压放大倍数 A_u、输入电阻 r_i 及输出电阻 r_o。

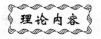

10.5　共射极放大电路的动态分析

10.5.1　交流通路

在动态时，因电容的隔直流通交流作用，可将放大电路中的电容视为短路；同时，忽略电源的内阻，恒定的直流电源对"地"短路，则图 10.5.1(a) 所示共射极放大电路的交流通路如图 10.5.1(b) 所示。

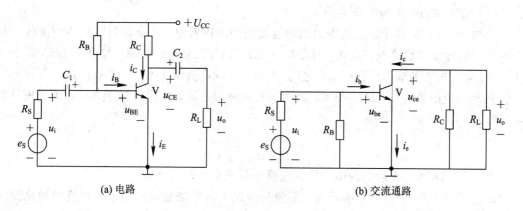

(a) 电路　　　　　　　　　　　　　　(b) 交流通路

图 10.5.1　共射极放大电路及其交流通路

10.5.2　三极管微变等效电路

三极管是非线性元件，由三极管构成的放大电路即为非线性电路，但是三极管在小信号微变量作用下，静态工作点附近小范围内的特性曲线可用直线近似代替，即可等效成线性电路模型。具体等效方法如下：

（1）输入端的电压与电流关系。

从图 10.5.2(a) 所示的三极管输入特性曲线中可以看出，当交流信号变化很小时，在静态工作点附近的输入特性在小范围内可近似线性化。

输入端的电压变化量 ΔU_{BE} 与电流的变化量 ΔI_B 成正比关系，可用一个等效的动态电阻 r_{be} 来表示，即

$$r_{be} = \frac{\Delta U_{BE}}{\Delta I_B}\bigg|_{U_{CE}} = \frac{u_{be}}{i_b}\bigg|_{U_{CE}} \tag{10.5.1}$$

r_{be} 称为三极管的输入电阻，一般为几百欧至几千欧。对于低频小功率三极管，也可用式(10.5.2)进行估算。

$$r_{be} \approx r_{bb'} + (1+\beta)\frac{26(\text{mV})}{I_E(\text{mA})} \tag{10.5.2}$$

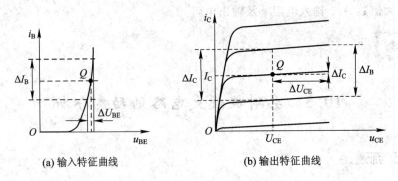

(a) 输入特征曲线   (b) 输出特征曲线

图 10.5.2 三极管输入、输出特征曲线

式(10.5.2)中，$r_{bb'}$ 为基区体电阻。对于低频小功率管，$r_{bb'}$ 约为 100～300 Ω，对于高频小功率管，$r_{bb'}$ 约为几十欧至一百欧。

（2）输出端的电压与电流关系。

从图 10.5.2(b)所示的三极管输出特性曲线中可以看出，三极管的输出特性曲线在放大区是一组近似等距的平行直线，且 $\Delta I_C = \beta \Delta I_B$。$\Delta I_C$ 只受 ΔI_B 控制，与电压 ΔU_{CE} 几乎无关。因此，三极管的输出回路(C、E 之间)可用一受控电流源 $i_c = \beta i_b$ 等效代替。

在 I_B 一定的条件下，ΔU_{CE} 与 ΔI_C 之间的关系可用一等效电阻 r_{ce} 来表示，称为三极管的输出电阻，即

$$r_{ce} = \frac{\Delta U_{CE}}{\Delta I_C}\bigg|_{I_B} = \frac{u_{ce}}{i_c}\bigg|_{I_B} \tag{10.5.3}$$

因 r_{ce} 阻值很高，在后面的微变等效电路中都把它忽略不计。

综上所述，图 10.5.3(a)所示的三极管模型在小信号微变量作用下的微变等效电路如图 10.5.3(b)所示。

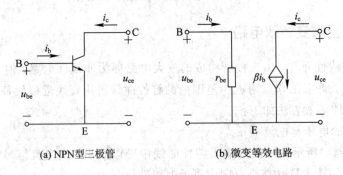

(a) NPN型三极管   (b) 微变等效电路

图 10.5.3 三极管及其微变等效电路

10.5.3 放大电路微变等效电路

用三极管微变等效电路替换图 10.5.1(b)所示交流通路中的三极管，即可得到放大电路的微变等效电路，如图 10.5.4 所示。

在动态分析时，输入信号一般为正弦交流量。为便于分析，通常将图 10.5.4 中的正弦量用相量表示，如图 10.5.5 所示。

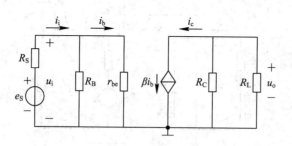

图 10.5.4　放大电路微变等效电路

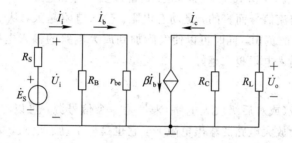

图 10.5.5　微变等效电路的相量表示

10.5.4　动态指标分析

1. 电压放大倍数 A_u

放大电路的电压放大倍数定义为

$$A_u = \frac{\dot{U}_o}{\dot{U}_i} \tag{10.5.4}$$

由图 10.5.5 可得

$$\dot{U}_o = -R_L' \dot{I}_c = -\beta R_L' \dot{I}_b$$
$$\dot{U}_i = r_{be} \dot{I}_b$$

式中，$R_L' = R_C /\!/ R_L$。因此式(10.5.4)可表示为

$$A_u = -\beta \frac{R_L'}{r_{be}} \tag{10.5.5}$$

式(10.5.5)中的负号表示输出电压与输入电压的相位相反。

当输出端开路，即 $R_L = \infty$ 时，有

$$A_u = -\beta \frac{R_C}{r_{be}} \tag{10.5.6}$$

2. 输入电阻 r_i

放大电路对信号源(或对前级放大电路)来说是一个负载，可用一个电阻来等效代替。这个电阻是信号源的负载电阻，也就是放大电路的输入电阻 r_i，如图 10.5.6 所示。

结合图 10.5.5 可得

$$r_i = \frac{\dot{U}_i}{\dot{I}_i} = R_B /\!/ r_{be} \tag{10.5.7}$$

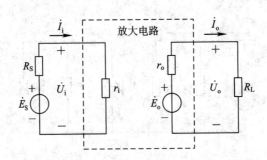

图 10.5.6　放大电路的输入电阻和输出电阻

输入电阻是对交流信号而言的，是动态电阻。输入电阻越大，从信号源取得的电流越小，能够减轻信号源的负担，同时可以使实际加到放大电路的输入电压增大，因此一般总是希望放大电路的输入电阻越大越好。

3. 输出电阻 r_o

放大电路对负载（或对后级放大电路）来说是一个信号源，可以将它进行戴维南等效，等效电源的内阻即为放大电路的输出电阻 r_o，它也是一个动态电阻，如图 10.5.6 所示。

输出电阻是表明放大电路带负载能力的参数。输出电阻愈小，负载变化时输出电压的变化愈小，因此一般总是希望放大电路的输出电阻越小越好。

对于图 10.5.5 所示的等效电路，断开负载 R_L，并将信号源代之以短路，采用外加电压源的方法求解 r_o，如图 10.5.7 所示。

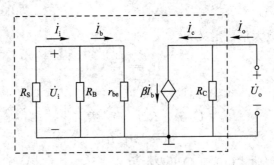

图 10.5.7　求解 r_o 的电路

如图 10.5.7 所示，由于信号源电压为零，则 $\dot{I}_b$ 为 0，$\dot{I}_c$ 也为 0。因此，输出电阻

$$r_o = \frac{\dot{U}_o}{\dot{I}_o} = R_C \tag{10.5.8}$$

由以上动态性能指标可知，共射极放大电路有比较理想的电压放大倍数，但是输入电阻比较低，输出电阻比较高，因此往往不能单独存在，需要和能够改善输入、输出电阻的其他电路共同组成放大电路。

【例 10.5.1】 电路如图 10.5.1(a) 所示，已知三极管的参数 $\beta=50$，$r_{bb'}=200\ \Omega$，$U_{CC}=12\ V$，$U_{BE}=0.7\ V$，$R_B=560\ k\Omega$，$R_C=5\ k\Omega$，$R_L=5\ k\Omega$。求放大电路的电压放大倍数、输入电阻及输出电阻。

解　根据图 10.5.1(a) 所示放大电路的直流通路，有

$$I_B = \frac{U_{CC} - U_{BE}}{R_B} \approx 0.02 \text{ mA}$$

$$I_E \approx I_C = \beta I_B = 1 \text{ mA}$$

则

$$r_{be} \approx r_{bb'} + (1 + \beta)\frac{26(\text{mV})}{I_E(\text{mA})} = 1.5 \text{ k}\Omega$$

因此该放大电路的电压放大倍数、输入电阻及输出电阻分别为

$$A_u = -\beta\frac{R_L'}{r_{be}} = -\frac{50 \times (5 /\!/ 5)}{1.5} = -83.3$$

$$r_i = R_B /\!/ r_{be} = 560 /\!/ 1.5 \approx 1.5 \text{ k}\Omega$$

$$r_o = R_C = 5 \text{ k}\Omega$$

10.6　其他放大电路

10.6.1　射极输出器

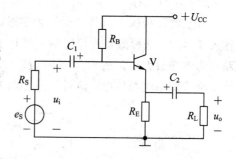

图 10.6.1　射极输出器

射极输出器如图 10.6.1 所示。可以用固定式偏置共射极放大电路的分析方法分析射极输出器的静态及动态特性。

射极输出器的突出特点如下:

(1) 电压放大倍数小于 1, 且约等于 1。

(2) 输入电阻高。

(3) 输出电阻低。

(4) 输出与输入同相。

10.6.2　多级放大电路

单级放大电路的放大倍数有限, 或者输入电阻、输出电阻不满足要求, 因此常常将多个放大电路组合在一起, 形成多级放大电路, 组合框图如图 10.6.2 所示。

图 10.6.2　多级放大电路组合框图

多级放大电路组合的形式是: 前级放大电路的输出与后级放大电路的输入连接在一起, 可以采用直接耦合、阻容耦合及变压器耦合等方式。

输入级需要较高的输入电阻, 以减轻信号源的负担; 输出级需要较低的输出电阻, 以提高放大电路的带载能力, 因此, 通常采用射极输出器作为多级放大电路的输入级与输出级。

中间级的主要作用是进行电压放大。通常采用共射极放大电路作为多级放大电路的中间级。

由于放大电路的前一级输出信号可看作后一级的输入信号，而后一级又可以看作前一级的负载，因此多级放大电路的电压放大倍数等于各级电压放大倍数的乘积，即

$$A_u = \frac{u_o}{u_i} = \frac{u_{on}}{u_{i1}} = \frac{u_{o1}}{u_{i1}} \times \frac{u_{o2}}{u_{i2}} \times \cdots \times \frac{u_{on}}{u_{in}} = A_{u1} \times A_{u2} \times \cdots \times A_{un} \quad (10.6.1)$$

注意：这里各级的电压放大倍数，并不是空载时得到的，而是要考虑后级对前级的影响，即后级的输入电阻是前级的负载电阻。

多级放大电路的输入电阻就是第一级放大电路的输入电阻，即 $r_i = r_{i1}$。同理，多级放大电路的输出电阻就是最后一级放大电路的输出电阻，即 $r_o = r_{on}$。

10.6.3　差分放大电路

为了能够放大直流信号和方便集成，多级放大电路之间通常采用直接耦合的方式，但是直接耦合存在以下两个问题：

（1）前后级静态工作点相互影响。

（2）零点漂移。

零点漂移指输入信号的电压为零时，输出电压缓慢、无规则变化的现象。当放大电路输入信号后，这种漂移就伴随信号共存于电路中，影响信号的分辨，因此采用差分放大电路作为多级放大电路的输入级，如图 10.6.3 所示。它由两个对称的三极管放大电路组成，该电路采用单电源供电，信号从两个基极与地之间输入，从两个集电极之间输出。

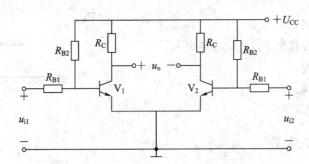

图 10.6.3　差分放大电路

（1）静态时。

$u_{i1} = u_{i2} = 0$，两输入端与地之间可视为短路。因电路对称，$u_o = V_{C1} - V_{C2} = 0$。

（2）动态时。

一对大小相等、相位相同的输入信号称为共模输入信号，即 $u_{i1} = u_{i2}$。因电路的对称性，共模输出电压 $u_o = \Delta V_{C1} - \Delta V_{C2} = 0$，说明差分放大电路对共模信号无放大作用，即共模电压放大倍数 $A_{uc} = 0$。

一对大小相等、相位相反的输入信号称为差模输入信号，即 $u_{i1} = -u_{i2}$。由于电路对称，$\Delta V_{C1} = -\Delta V_{C2}$，则差模输出电压 $u_o = \Delta V_{C1} - \Delta V_{C2} = 2\Delta V_{C1}$，说明该电路对差模信号有放大作用，即差模电压放大倍数 $A_{ud} \neq 0$。差分放大电路正是利用这一点放大有用信号的。

在实际电路中，只要将待放大的有用信号 u_i 分成一对差模信号，即 $u_i = u_{i1} - u_{i2} = 2u_{i1}$，分别从左右两边输入便可放大。由于其输出信号是对两输入信号之差的放大，故这种电路称为差分放大电路。

对差分放大电路而言，差模信号为有用信号，要求对其有较大的电压放大倍数；共模信号(零点漂移或干扰产生的)为无用信号，对它的电压放大倍数越小越好。为了衡量差分放大电路抑制共模信号及放大差模信号的能力，通常用共模抑制比K_{CMRR}来评价。共模抑制比的定义为

$$K_{CMRR} = \left| \frac{A_{ud}}{A_{uc}} \right| \qquad\qquad (10.6.2)$$

显然，K_{CMRR}越大越好。

《专题探讨》

第 20 课

【专 10.2】　多级放大电路应该怎样连接？尝试采用电容耦合连接由射极输出器、固定式偏置共射极放大电路、射极输出器组成的三级放大电路，并推测将其集成封装后，至少有几个引脚？

《三题练习》

【练 10.4】　求解图 1 所示电路的电压放大倍数 A_u。

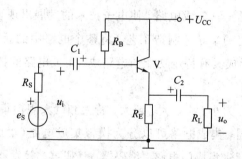

图 1　练 10.4 的电路

【练 10.5】　绘制图 10.4.2(a)所示分压式偏置放大电路的交流通路。

【练 10.6】　电路如图 2 所示，其中 $\beta_1 = \beta_2 = 100$，$r_{be1} = 5.3 \text{ k}\Omega$，$r_{be2} = 6 \text{ k}\Omega$，$R_{B1} = 1.5 \text{ M}\Omega$，$R_{E1} = 7.5 \text{ k}\Omega$，$R_{B2} = 91 \text{ k}\Omega$，$R_{B3} = 30 \text{ k}\Omega$，$R_C = 12 \text{ k}\Omega$，$R_{E2} = 5.1 \text{ k}\Omega$。求当 $R_L = \infty$ 时的 A_u。

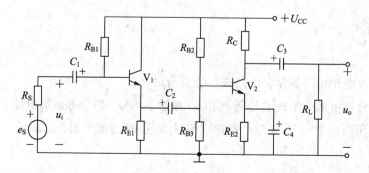

图 2　练 10.6 的电路

模块

集成运算放大电路

20 世纪 60 年代，随着电子技术的高速发展，继电子管、晶体管两代电子产品之后，人们研制出第三代电子产品——集成电路，使电子技术的发展出现了新的飞跃。

集成电路是使用特定的半导体制造工艺，将整个电路中的元器件制作在一块硅片上，封装后引出多条引线，形成具有特定功能的电路块。集成电路的特点：体积小、重量轻、功耗低、可靠性高、价格低。

集成电路按集成度分为小、中、大、超大、特大和巨大规模集成电路。

按照处理的信号不同，集成电路可以分为模拟集成电路（集成功率放大器、集成运算放大器等）及数字集成电路（集成门电路、编码器、译码器、触发器等）。

集成运算放大器是一种具有很高放大倍数的多级直接耦合放大电路，简称集成运放（运放），是一种发展最早、应用最广泛的模拟集成电路。集成运放在各种电子电路中被广泛应用，特别是各种专用、高性能电路。

本模块主要介绍集成运放的结构、工作特性，以及由运放组成的电压比较器与各种运算电路。

能力要素

（1）能够对电压比较器相关电路进行分析与设计。

（2）能够分析由运放组成的比例、加法、减法、积分、微分等运算电路。

（3）能够利用运放设计电路，实现对输入信号的比例、加法、减法、积分、微分等运算。

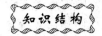

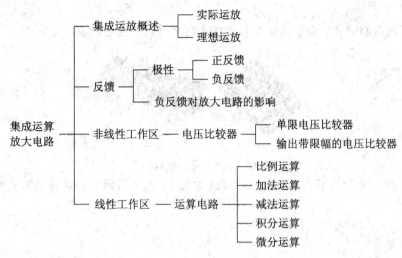

（1）调研常用的集成运放，观察其外形，了解其型号、引脚、参数和作用。

（2）举例生活中含有集成运放的电路，分析其工作原理和实现的功能。

（3）完成本模块的项目应用。

➡ 第 21 课

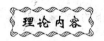

本次课以典型集成运放 F007 为例，学习运放的结构、参数、电压传输特性。由于引入反馈类型的不同，运放可工作在不同区域。因此，本次课简单介绍反馈的极性、类型及判别方法，重点介绍运放的非线性应用——电压比较器。

理论内容

11.1　集成运算放大器概述

11.1.1　集成运算放大器的组成

集成运放种类繁多，性能各异，但其内部结构基本相同，通常由输入级、中间级、输出级和偏置电路四部分组成。输入级采用差分放大电路，具有高输入电阻和抑制零点漂移能力；中间级主要进行电压放大，具有高电压放大倍数，一般由共射极放大电路构成；输出级与负载相连，具有输出电阻低、带载能力强的特点，一般由射极输出器等电路构成。

对于集成运放的使用者来说，只要能做到合理选择、正确使用就可以。因而要对运放的主要技术指标做到正确理解，并会选择外围电路元件，重点放在与各"引脚"相连的有关电路上。

集成运放有圆壳式、扁平式和双列直插式封装等，常见的集成运放如图 11.1.1 所示。

图 11.1.1　常见的集成运放

例如 F007，它的外形、管脚和外部接线如图 11.1.2 所示，有双列直插式和圆壳式两种封装。

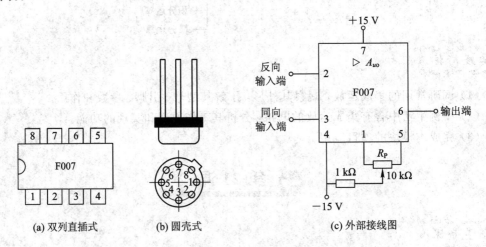

(a) 双列直插式　　　(b) 圆壳式　　　(c) 外部接线图

图 11.1.2　F007 集成运放的外形、管脚和外部接线图

F007 有八个引脚，各引脚功能如下：

2——反向输入端。由此端接输入信号，则输出信号和输入信号是反相的（或者两者极性相反）。

3——同相输入端。由此端接输入信号，则输出信号和输入信号是同相的（或者两者极性相同）。

4——负电源端。接 −15 V 稳压电源。

7——正电源端。接 +15 V 稳压电源。

6——输出端。

1 和 5——外接调零电位器的两个端子。

8——空脚。

忽略掉电源和其他用途的接线端，集成运算放大器的图形符号如图 11.1.3 所示。它有两个输入端和一个输出端。反相输入端标"—"号，同相输入端和输出端标"＋"号。它们对"地"的电压（即各端的电位）分别用 u_-、u_+、u_o 表示。"A_{uo}"表示开环电压放大

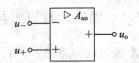

图 11.1.3　运算放大器的图形符号

倍数。

11.1.2　电压传输特性

通常用运放的电压传输特性表示运放输出电压与两个输入电压之间的关系。F007 的
电压传输特性如图 11.1.4 所示，输入电压
$u_D = u_+ - u_-$。由图可以看出，运放的传输特性
分为线性区与非线性区（饱和区）。

在线性区，输入与输出之间呈线性关
系，即

$$u_o = A_{uo} u_D = A_{uo}(u_+ - u_-) \qquad (11.1.1)$$

由于运放的开环电压放大倍数 A_{uo} 很高，
即使输入毫伏级以下的信号，也足以使输出电
压饱和，其饱和值为 $+U_{o(sat)}$ 或 $-U_{o(sat)}$，接近
正电源或负电源的电压值。

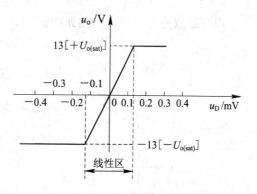

图 11.1.4　F007 电压传输特性

F007 电源电压为 ±15 V 时的最大输出电
压 ±13 V。按 $A_{uo} = 10^5$ 计算，输出为 ±13 V 时，输入电压 u_D 为 ±0.13 mV。当输入信号超
过 ±0.13 mV 时，输出电压恒为 ±13 V，不再随 u_D 变化，此时运放进入饱和区。

由此可以看出，运放工作在线性区的输入电压范围很小。为了能够利用集成运放对实
际输入信号（它比运放的线性范围大很多）进行线性放大，必须外加负反馈，这是集成运放
线性应用电路的共同特点。

【例 11.1.1】　某一集成运放的正、负电源电压为 ±15 V，开环电压放大倍数 $A_{uo} = 2 \times$
10^5，最大输出电压（即 $\pm U_{o(sat)}$）为 ±13 V。当输入电压为如下几种情况时，分别求对应的
输出电压。(1) $u_+ = +15\ \mu V$，$u_- = -10\ \mu V$；(2) $u_+ = -5\ \mu V$，$u_- = +10\ \mu V$；(3) $u_+ =$
0，$u_- = +5\ mV$；(4) $u_+ = 5\ mV$，$u_- = 0$。

解　由于 $u_+ - u_- = \dfrac{u_o}{A_{uo}} = \pm 65\ \mu V$。因此，若 $-65\ \mu V < u_+ - u_- < +65\ \mu V$，运放工作
在线性区；否则运放工作在饱和区。由已知条件可得：

(1) $u_o = 2 \times 10^5 \times (15 + 10) \times 10^{-6} = +5\ V$；

(2) $u_o = 2 \times 10^5 \times (-5 - 10) \times 10^{-6} = -3\ V$；

(3) $u_o = -13\ V$；

(4) $u_o = +13\ V$。

11.1.3　理想运算放大器及其分析依据

由于实际运放与理想运放性能比较接近，因此在分析、计算、应用电路时，用理想运
放代替实际运放所带来的误差并不严重，在一般工程计算中是允许的。本模块中，凡未特
别说明的，均将运放视为理想运放来考虑。所谓理想运放，就是将集成运放的各项技术指
标理想化，主要包括：

① 开环电压放大倍数 $A_{uo} \to \infty$。

② 开环输入电阻 $r_i \to \infty$。

③ 开环输出电阻 $r_o \to 0$。

④ 共模抑制比 $K_{CMRR} \to \infty$。

理想运放的图形符号如图 11.1.5 所示，其中"∞"表示开环电压放大倍数的理想化条件。

理想运放的电压传输特性如图 11.1.6 所示。

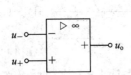

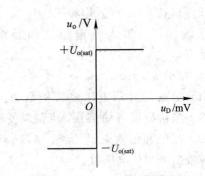

图 11.1.5　理想运放的图形符号　　　　图 11.1.6　理想运放电压传输特性

1. 工作在线性区

理想运放工作在线性区时，分析依据有两条：

(1) 由于运放的开环电压放大倍数 $A_{uo} \to \infty$，而输出电压是一个有限数值，故从式 (11.1.1) 可知，$u_+ - u_- = \dfrac{u_o}{A_{uo}} \approx 0$，即

$$u_+ \approx u_- \tag{11.1.2}$$

运放的两个输入端之间呈现"虚短路"特性，简称"虚短"。"虚短路"与"短路"截然不同。"虚短路"的两点之间仍然有信号电压，尽管该电压十分微小；"短路"的两点之间信号电压为零。若运放的两输入端之间是"短路"而不是"虚短路"，表明放大器无信号输入，当然也就无信号输出。

(2) 由于运放的开环输入电阻 $r_i \to \infty$，故可认为两个输入端的输入电流为

$$i_+ = i_- \approx 0 \tag{11.1.3}$$

该特性称为运放输入端的"虚开路"特性，简称"虚断"。若某一支路中的电流为无穷小量，则该支路就被认为是"虚开路"。显然，"虚开路"与"开路"也截然不同。

2. 工作在饱和区

理想运放工作在饱和区时，式(11.1.1)不能满足，这时输出电压 u_o 只有两种可能，等于 $+U_{o(sat)}$ 或 $-U_{o(sat)}$，而 u_+ 与 u_- 不一定相等。

(1) 当 $u_+ > u_-$ 时，$u_o = +U_{o(sat)}$；

(2) 当 $u_+ < u_-$ 时，$u_o = -U_{o(sat)}$。

此外，运算放大器工作在饱和区时，两输入端的电流也认为是 0。

为了使运放工作在饱和区，一般都使运放开环工作。有时为加快转换过程，还会外加一定强度的正反馈。

综上所述，若运放外部引入负反馈，则运放工作在线性区；若运放开环工作或带有正反馈，则运放工作在饱和区。

11.2　反馈的基本概念

凡是将电子电路（或某个系统）输出端信号（电压或电流）的一部分或全部通过一定的网络引回到输入端，就称为反馈。图 11.2.1 是带有反馈的放大电路方框图，主要包括基本放大电路 A_o 和反馈电路 F。

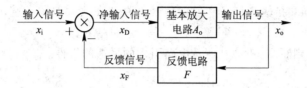

图 11.2.1　带有反馈的放大电路方框图

反馈放大电路中，x_i 是反馈放大电路的原输入信号，x_o 是输出信号，x_F 是反馈信号，x_D 是基本放大电路的净输入信号。基本放大电路实现信号的正向传输，反馈电路则将部分或全部输出信号反向传输到输入端，因此，净输入信号 $x_D = x_i - x_F$。

开环放大倍数为无反馈时放大电路的放大倍数：

$$A_o = \frac{x_o}{x_D} \tag{11.2.1}$$

反馈系数为反馈信号与输出信号之比

$$F = \frac{x_F}{x_o} \tag{11.2.2}$$

闭环放大倍数为有反馈时放大电路的放大倍数：

$$A_f = \frac{x_o}{x_i} \tag{11.2.3}$$

判断放大电路中是否存在反馈的方法是：观察放大电路中有无反馈通路，即观察放大电路输出回路与输入回路之间是否有电路元件起桥梁作用。若有，则存在反馈电路，即电路为反馈（闭环）放大电路；反之，则无反馈电路，即电路为开环放大电路。

根据反馈信号与原输入信号的合成类型（相加或相减，反馈极性），可将反馈电路分为正反馈与负反馈。正反馈：x_F 与 x_i 作用相同，使 x_D 增加；负反馈：x_F 与 x_i 作用相反，使 x_D 减小。

根据反馈信号中所含成分的不同，可将反馈电路分为直流反馈与交流反馈。

根据反馈信号与原输入信号在放大电路输入端合成方式的不同，可将反馈电路分为串联反馈与并联反馈。串联反馈：x_F 与 x_i 以串联的形式作用于净输入端；并联反馈：x_F 与 x_i 以并联的形式作用于净输入端。

根据输出信号反馈端采样方式的不同，可将反馈电路分为电压反馈与电流反馈。电压反馈：反馈信号取自输出电压；电流反馈：反馈信号取自输出电流。

为了正确分析反馈对放大电路性能的影响，必须明确反馈极性的判别。

11.2.1 正反馈和负反馈的判别方法

一般采用瞬时极性法来判断正负反馈。首先将反馈电路与输入回路断开，再假定原输入信号在某一瞬时变化的极性为正（"＋"）（相对于公共参考端而言），根据各种基本放大电路的输出信号与输入信号之间的相位关系，顺着信号的输出方向，逐级标出放大电路中各有关点电位的瞬时极性。判断出反馈信号的变化趋势是减弱输入信号的变化趋势，则为负反馈；反之则为正反馈。

判断口诀：同端同号正反馈；同端异号负反馈；异端异号正反馈；异端同号负反馈。

说明：同端、异端指输入信号和反馈信号是否加在放大器同一端；同号、异号指两信号的极性是否相同。

【例 11.2.1】 判断图 11.2.2 所示电路引入的反馈的极性。

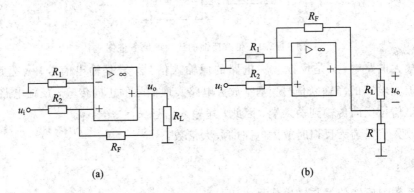

(a)　　　　　　　　　　　(b)

图 11.2.2　例 11.2.1 的电路

解　图 11.2.2(a)、(b) 的瞬时极性标注分别如图 11.2.3(a)、(b) 所示。

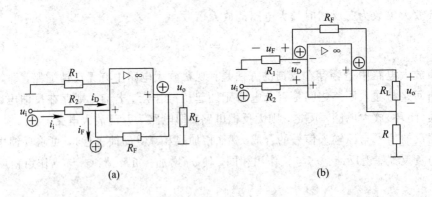

(a)　　　　　　　　　　　(b)

图 11.2.3　瞬时极性标注电路

由图 11.2.3 中可以看出，图 (a) 属于"同端同号"，故为正反馈。图 (b) 属于"异端同号"，故为负反馈。

11.2.2 负反馈对放大电路性能的影响

在放大电路中经常利用负反馈来改善放大电路的性能。负反馈对放大电路性能的改善是以降低电压放大倍数为代价的，因为在有负反馈的放大电路中，反馈信号与输入信号作用相反，使净输入信号减小，输出信号减小，因而放大倍数下降。下降的程度可通过下面分析来说明。

由于 $x_D = x_i - x_F$，因此

$$\frac{x_o}{x_i} = \frac{x_o}{x_D + x_F} = \frac{\dfrac{x_o}{x_D}}{1 + \dfrac{x_F}{x_o} \times \dfrac{x_o}{x_D}}$$

由式(11.2.1)~式(11.2.3)可得

$$A_f = \frac{A_o}{1 + A_o F} \tag{11.2.4}$$

由式(11.2.4)可知，$|A_f| < |A_o|$。

负反馈虽然使放大倍数下降，但是它能改善放大电路的性能。主要体现在以下几方面：

(1) 提高了放大倍数的稳定性。

当外界条件变化时，即使输入信号一定，仍将引起输出信号的变化，即引起放大倍数的变化。如果这种相对变化较小，则说明其稳定性较高。

对式(11.2.4)求关于 A_o 的微分，可得

$$\frac{dA_f}{A_f} = \frac{1}{1 + A_o F} \frac{dA_o}{A_o} \tag{11.2.5}$$

式中，$\dfrac{dA_o}{A_o}$ 是开环放大倍数的相对变化，$\dfrac{dA_f}{A_f}$ 是闭环放大倍数的相对变化，它只是前者的 $\dfrac{1}{1 + A_o F}$。可见，引入负反馈后，放大倍数降低了，而放大倍数的稳定性却提高了。

(2) 展宽了通频带。

放大电路中一般都有电容元件，它们对不同频率信号所呈现的容抗值是不一样的，从而会影响放大电路的性能，其中就包括电压放大倍数。在某一段频率范围内，可以认为电压放大倍数与频率无关，但随着频率的升高或降低，电压放大倍数都要减小。当放大倍数下降为稳定值的 $\dfrac{1}{\sqrt{2}}$ 时所对应的两个频率，分别称为下限频率和上限频率，这两个频率之间的范围称为通频带。

放大倍数与频率的关系如图 11.2.4 所示。有反馈时放大倍数由 A_o 降到了 A_f。由于放大倍数稳定性的提高，在低频段和高频段

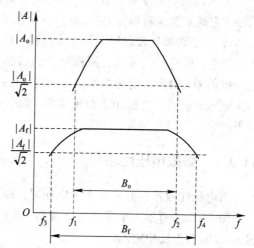

图 11.2.4　展宽通频带

的电压放大倍数下降程度减小，使得下限截止频率由原来的 f_1 变成了 f_3，上限截止频率由原来的 f_2 变成了 f_4，从而使通频带由 B_o 展宽到了 B_f。

(3) 改善了非线性失真。

模块 10 介绍了饱和失真与截止失真两种非线性失真。图 11.2.5(a)所示波形产生了非

线性失真，引入负反馈后，由于净输入信号减小，使得 i_C 减小，从而改善了非线性失真，如图 11.2.5(b)所示。

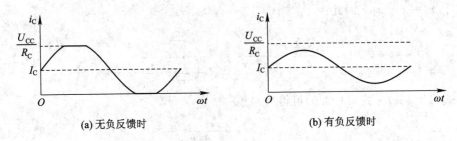

(a) 无负反馈时　　　　　　　　(b) 有负反馈时

图 11.2.5　改善非线性失真

(4) 稳定了输出电压或输出电流。

电压负反馈具有稳定输出电压的作用，电流负反馈具有稳定输出电流的作用。

(5) 改变了输入电阻与输出电阻。

负反馈对放大电路输入电阻和输出电阻的影响与反馈的方式有关。

串联负反馈在保持 u_i 一定时，致使输入电阻 r_i 增加。

并联负反馈在保持 u_i 一定时，致使输入电阻 r_i 减小。

电压负反馈使输出电压趋于稳定，致使输出电阻 r_o 减小。

电流负反馈使输出电流趋于稳定，致使输出电阻 r_o 增加。

11.3　电压比较器

电压比较器是集成运放工作在非线性区的典型应用，用来比较输入电压与参考电压的大小。它通常至少有两个输入端和一个输出端，其中一个输入端接参考电压（或基准电压），另一个接被比较的输入信号。当输入信号的电压略高于或低于参考电压时，输出电压发生跃变，但输出电压只有两种可能的状态，即高电平或者低电平。可见，比较器输入的是模拟信号，输出的则是数字信号，它是模拟电路与数字电路之间的接口电路。

电压比较器广泛应用于数模转换、数字仪表、自动控制和自动检测等技术领域，以及波形产生与变换等场合。

11.3.1　单限电压比较器

当电压比较器只有一个参考电压时，称其为单限电压比较器。

图 11.3.1 所示为单限电压比较器，开环输出电压最大值为 $\pm U_{o(sat)}$。其中(a)图为同相输入，(b)图为反相输入。

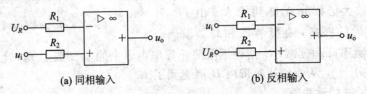

(a) 同相输入　　　　　　　　(b) 反相输入

图 11.3.1　单限电压比较器

图 11.3.1 中 U_R 为基准电压，运算放大器处于开环状态。根据运放工作在饱和区时的特点，可得图 11.3.2 所示的电压传输特性。

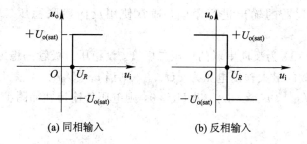

(a) 同相输入　　　　　(b) 反相输入

图 11.3.2　单限电压比较器电压传输特性

对于图 11.3.1 所示电压比较器，若输入电压波形为三角波，则输出波形可转换为矩形波，分别如图 11.3.3(a)、(b)所示。

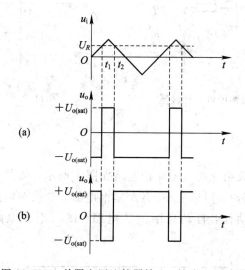

图 11.3.3　单限电压比较器输入、输出电压波形

当 $U_R=0$ 时，该单限电压比较器称为零限电压比较器。反相输入的零限电压比较器电路及输入、输出电压波形如图 11.3.4 所示。

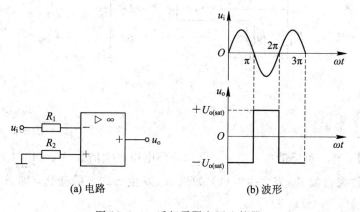

(a) 电路　　　　　(b) 波形

图 11.3.4　反相零限电压比较器

11.3.2 输出带限幅的电压比较器

为了对电压比较器的输出进行限幅，通常使用反向串联稳压二极管来实现，如图 11.3.5 所示。

图 11.3.5 中，VD_Z 为反向串联的稳压二极管。设稳压二极管的稳定电压为 $\pm U_Z$，忽略其正向压降，若运放的最大输出电压为 $\pm U_{o(sat)}$，则当 $u_i < U_R$ 时，$u_o' = +U_{o(sat)}$，$u_o = U_Z$；当 $u_i > U_R$ 时，$u_o' = -U_{o(sat)}$，$u_o = -U_Z$。若 $U_R > 0$，则电压传输特性如图 11.3.6 所示。

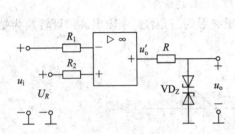

图 11.3.5　输出带限幅的电压比较器

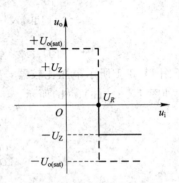

图 11.3.6　电压传输特性

专题探讨

【专 11.1】 利用运放组成的过温保护电路如图 1 所示，R_3 是负温度系数的热敏电阻，温度升高时，阻值变小，KA 是继电器，要求该电路在温度超过上限值时，继电器动作，自动切断加热电源。试讨论该电路的工作原理。

第 21 课

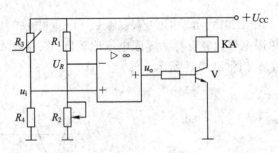

图 1　专 11.1 的电路

三题练习

【练 11.1】 有一负反馈放大电路，已知开环电压放大倍数 $A_{uo} = 400$，$F = 0.01$。试问：(1) 闭环电压放大倍数 A_{uf} 为多少？(2) 如果 A_{uo} 发生 $\pm 20\%$ 的变化，则 A_{uf} 的相对变化为多少？

【练 11.2】 分析图 2 所示电路，若 $+U_{o(sat)} > U_Z$ 且 $U_R > 0$，画出其电压传输特性曲线。

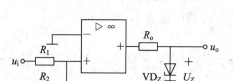

图 2　练 11.2 的电路

【练 11.3】　图 3 是一监控报警装置，如需对某一参数（温度、压力等）进行监控，可由传感器取得监控信号 u_i，U_R 是参考电压。当 u_i 超过正常值时，报警灯亮，试说明其工作原理。二极管 VD 和电阻 R_3 在此起何作用？

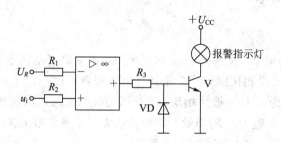

图 3　练 11.3 的电路

第 22 课

导学导课

　　本次课主要对集成运放工作在线性区时，实现比例、加法、减法、积分与微分运算的电路进行分析。

理论内容

　　集成运放工作在线性区时，通常要引入负反馈。它的输出电压和输入电压的关系取决于反馈电路和输入电路的结构和参数，而与运放本身的参数关系不大。改变输入电路和反馈电路的结构形式，就可以实现不同的运算。

11.4　基本运算电路

11.4.1　比例运算

1. 反相比例运算

图 11.4.1 所示为反相比例运算电路。

由"虚断"可知，R_2 中流过的电流为 0，因此 $u_+ = 0$ 且 $i_i = i_F$。而

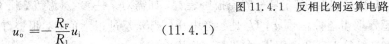

$$i_i = \frac{u_i - u_-}{R_1}, \qquad i_F = \frac{u_- - u_o}{R_F}$$

由"虚短"可知，$u_- = u_+ = 0$。则

$$i_i = \frac{u_i}{R_1}, \qquad i_F = -\frac{u_o}{R_F}$$

因此

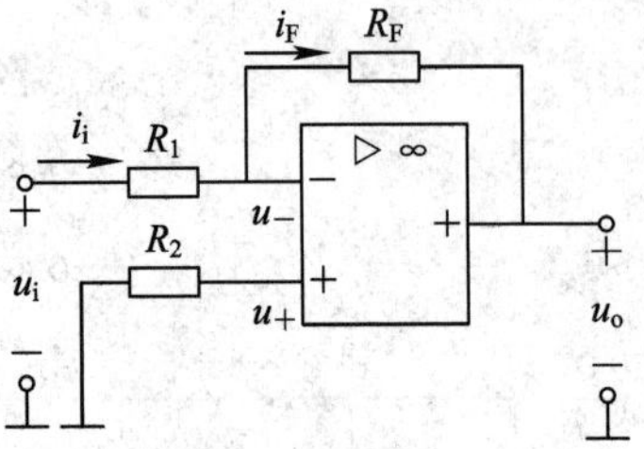

图 11.4.1　反相比例运算电路

$$u_o = -\frac{R_F}{R_1} u_i \qquad (11.4.1)$$

闭环电压放大倍数为

$$A_{uf} = \frac{u_o}{u_i} = -\frac{R_F}{R_1} \qquad (11.4.2)$$

图中 R_2 称为平衡电阻，$R_2 = R_1 /\!/ R_F$，其作用是消除静态基极电流对输出电压的影响。
式(11.4.2)表明，反相比例运算电路具有以下特点：

(1) A_{uf} 为负值，即 u_o 与 u_i 极性相反，这是因为 u_i 加在运放的反相输入端。

(2) A_{uf} 只与外部电阻 R_1、R_F 有关，与运算放大器本身参数无关。

(3) $|A_{uf}|$ 可大于 1，也可等于 1 或小于 1。

当 $R_F = R_1$ 时，由式(11.4.2)可知，$u_o = -u_i$，即 $A_{uf} = -1$。此时反相比例运算电路又称为反相器。

【例 11.4.1】　电路如图 11.4.2 所示，已知 $R_1 = 20\ \text{k}\Omega$，$R_F = 100\ \text{k}\Omega$。求：(1) A_{uf}；(2) 若 R_1 不变，要求 A_{uf} 为 -20，则 R_F 应为多少？

　　解　图 11.4.2 所示电路为反相比例运算电路，则

① $A_{uf} = -\dfrac{R_F}{R_1} = -5$。

② 若 $A_{uf} = -\dfrac{R_F}{R_1} = -20$，则 $R_F = -A_{uf} R_1 =$

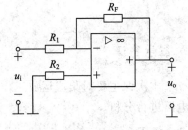

图 11.4.2　例 11.4.1 的电路

$-(-20) \times 20 = 400\ \text{k}\Omega$。

2. 同相比例运算

图 11.4.3 所示为同相比例运算电路。

由"虚断"可知，$u_+ = u_i$，$i_i = i_F$。

由"虚短"可知，$u_- = u_+ = u_i$。

则

$$i_i = -\frac{u_-}{R_1} = -\frac{u_i}{R_1}, \qquad i_F = \frac{u_- - u_o}{R_F} = \frac{u_i - u_o}{R_F}$$

即

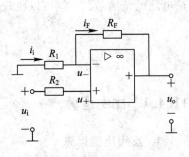

$$u_o = \left(1 + \frac{R_F}{R_1}\right) u_i \qquad (11.4.3)$$

闭环电压放大倍数为

图 11.4.3　同相比例运算电路

$$A_{uf} = \frac{u_o}{u_i} = 1 + \frac{R_F}{R_1}　\qquad (11.4.4)$$

图中，平衡电阻 $R_2 = R_1 /\!/ R_F$。

式(11.4.4)表明，同相比例运算电路具有以下特点：

(1) A_{uf} 为正值，即 u_o 与 u_i 极性相同，这是因为 u_i 加在运放的同相输入端。

(2) A_{uf} 只与外部电阻 R_1、R_F 有关，与运算放大器本身参数无关。

(3) $A_{uf} \geqslant 1$，不能小于 1。

当 $R_1 = \infty$ 或 $R_F = 0$ 时，由式(11.4.4)可知，$u_o = u_i$，即 $A_{uf} = 1$。此时，该同相比例运算电路又称为电压跟随器。常用的电压跟随器如图 11.4.4 所示。

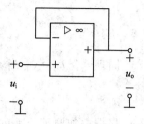

图 11.4.4　电压跟随器

11.4.2　加法运算

1. 反相加法运算

图 11.4.5 所示为两输入反相加法运算电路。

由"虚断"可知，$i_{i1} + i_{i2} = i_F$，则

$$\frac{u_{i1} - u_-}{R_{11}} + \frac{u_{i2} - u_-}{R_{12}} = \frac{u_- - u_o}{R_F}$$

由"虚短"可知，$u_- = u_+ = 0$，则

$$\frac{u_{i1}}{R_{11}} + \frac{u_{i2}}{R_{12}} = -\frac{u_o}{R_F}$$

即

$$u_o = -\left(\frac{R_F}{R_{11}} u_{i1} + \frac{R_F}{R_{12}} u_{i2}\right) \qquad (11.4.5)$$

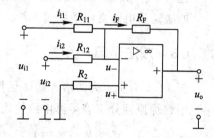

图 11.4.5　反相加法运算电路

当 $R_{11} = R_{12} = R_1$ 时，式(11.4.5)可改写为

$$u_o = -\frac{R_F}{R_1}(u_{i1} + u_{i2}) \qquad\qquad (11.4.6)$$

进而当 $R_1 = R_F$ 时，式(11.4.6)可改写为

$$u_o = -(u_{i1} + u_{i2}) \qquad (11.4.7)$$

平衡电阻 $R_2 = R_{11} /\!/ R_{12} /\!/ R_F$。

反相加法运算电路的特点与反相比例运算电路的特点相同。这种电路便于调整，通过改变某一路的电阻就可以改变该路的比例系数，而不影响其他路的比例系数。

2. 同相加法运算

图 11.4.6 所示为两输入同相加法运算电路。

可以看出，当只有一个输入电压时，该电路为同相比例运算电路。因此，可用叠加原理分析该运算电路输

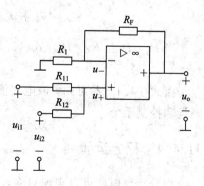

图 11.4.6　同相加法运算电路

出与输入之间的关系。

令 $u_{i2}=0$，当 u_{i1} 单独作用时可得

$$u_+' = \frac{R_{12}}{R_{11}+R_{12}}u_{i1}$$

$$u_o' = \left(1+\frac{R_F}{R_1}\right)u_+' = \left(1+\frac{R_F}{R_1}\right)\frac{R_{12}}{R_{11}+R_{12}}u_{i1}$$

同理，令 $u_{i1}=0$，当 u_{i2} 单独作用时可得

$$u_o'' = \left(1+\frac{R_F}{R_1}\right)\frac{R_{11}}{R_{11}+R_{12}}u_{i2}$$

根据叠加原理，当 u_{i1} 与 u_{i2} 共同作用时，可得

$$u_o = u_o' + u_o'' = \left(1+\frac{R_F}{R_1}\right)\left(\frac{R_{12}}{R_{11}+R_{12}}u_{i1}+\frac{R_{11}}{R_{11}+R_{12}}u_{i2}\right) \tag{11.4.8}$$

当 $R_{11}=R_{12}$ 时，式(11.4.8)可改写为

$$u_o = \frac{1}{2}\left(1+\frac{R_F}{R_1}\right)(u_{i1}+u_{i2}) \tag{11.4.9}$$

进而当 $R_1=R_F$ 时，式(11.4.9)可改写为

$$u_o = u_{i1}+u_{i2} \tag{11.4.10}$$

也可采用"虚短"和"虚断"，求解 u_o 与 u_i 之间的关系。

加法运算电路常用于测量系统。

11.4.3　减法运算

图 11.4.7 所示为两输入减法运算电路。

用叠加原理分析该运算电路输出与输入之间的关系。

令 $u_{i2}=0$，当 u_{i1} 单独作用时，可得 $u_o'=-\frac{R_F}{R_1}u_{i1}$。

令 $u_{i1}=0$，当 u_{i2} 单独作用时，可得 $u_o''=\left(1+\frac{R_F}{R_1}\right)u_+ =$

$\left(1+\frac{R_F}{R_1}\right)\frac{R_3}{R_2+R_3}u_{i2}$。

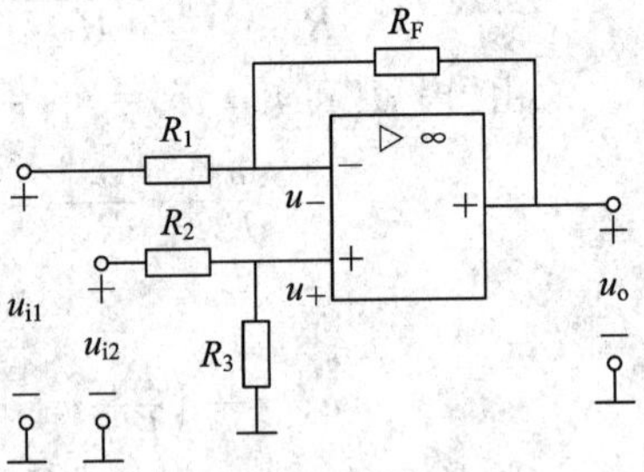

图 11.4.7　减法运算电路

根据叠加原理，当 u_{i1} 与 u_{i2} 共同作用时，可得

$$u_o = u_o' + u_o'' = -\frac{R_F}{R_1}u_{i1} + \left(1+\frac{R_F}{R_1}\right)\frac{R_3}{R_2+R_3}u_{i2} \tag{11.4.11}$$

当 $R_2=R_3$ 且 $R_F=R_1$ 时，式(11.4.11)可改写为

$$u_o = u_{i2}-u_{i1} \tag{11.4.12}$$

由式(11.4.12)可知，该电路能够实现两输入信号的减法运算。减法运算电路常用于测量和控制系统。

11.4.4　积分运算

积分运算电路可以实现对输入信号电压的积分运算，其输出电压与输入电压的积分成正比。积分运算电路如图 11.4.8 所示。

由"虚断"可知，$u_+ = 0$ 且 $i_i = i_F$。而 $i_i = \dfrac{u_i - u_-}{R_1}$，$i_F$

$= C_F \dfrac{du_C}{dt}$。因此

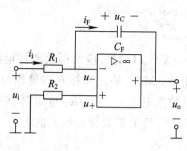

$$\frac{u_i - u_-}{R_1} = C_F \frac{du_C}{dt}$$

由"虚短"可知，$u_- = u_+ = 0$，又因为 $u_C = -u_o$，则

$$u_o = -\frac{1}{R_1 C_F}\int u_i dt \qquad (11.4.13)$$

图 11.4.8　积分运算电路

若输入信号的电压为恒定直流量，即 $u_i = U_i$ 时

$$u_o = -\frac{1}{R_1 C_F}\int U_i dt = -\frac{U_i}{R_1 C_F}t \qquad (11.4.14)$$

图中，平衡电阻 $R_2 = R_1$。

积分运算电路的输出波形如图 11.4.9 所示。

由图 11.4.9 可以看出，当 U_i 为正值时，输出为反向积分，U_i 对电容器恒流充电，故输出电压随 t 线性变化。当 u_o 向负值方向增大到运放反向饱和电压 $-U_{o(sat)}$ 时，运放进入饱和区，$u_o = -U_{o(sat)}$ 保持不变，积分作用停止。

反之，当 U_i 为负值时，输出为正向积分，U_i 对电容器恒流充电，输出电压随 t 线性变化。当 u_o 向正值方向增大到运放正向饱和电压 $+U_{o(sat)}$ 时，运放进入饱和区，$u_o = +U_{o(sat)}$ 保持不变，积分作用停止。

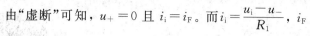

图 11.4.9　恒定直流量积分运算
输出波形

积分运算除了信号运算外，在控制系统和测量系统中也广泛应用。

11.4.5　微分运算

微分运算电路可以实现对输入信号电压的微分运算，其输出电压与输入电压的微分成正比。微分运算电路如图 11.4.10 所示。

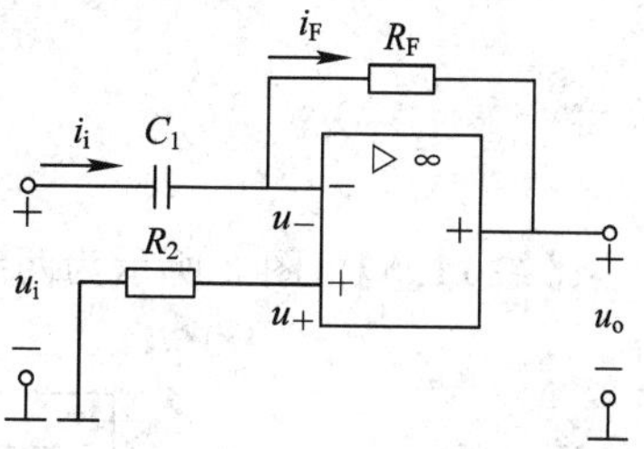

由"虚短"及"虚断"可知，$i_i = i_F$，$u_- = u_+ = 0$，即

$$C_1 \frac{du_i}{dt} = -\frac{u_o}{R_F}$$

由此可得输出电压

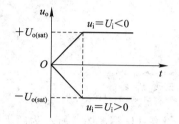

图 11.4.10　微分运算电路

$$u_o = -R_F C_1 \frac{du_i}{dt} \qquad (11.4.15)$$

图中，平衡电阻 $R_2 = R_F$。

由于微分运算电路的输出电压与输入电压的变化率成比例，导致其对输入信号中的快速变化分量敏感，尤其对输入信号中的高频干扰或噪声成分十分敏感，使电路性能下降。通常在实际使用时，需要根据情况适当改进电路。

专题探讨

【专11.2】 应用运放测量电阻的电路如图1所示，其中 $U_i = U = 10$ V，$R_1 = 1$ MΩ，输出端接有满量程为 5 V 的电压表，被测电阻为 R_X。（1）试找出被测电阻的阻值 R_X 与电压表读数之间的关系；（2）若使用的运放为 F007，为了扩大测量电阻的范围，将电压表量程选为 50 V 是否有意义？

第 22 课

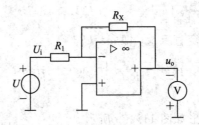

图 1　专 11.2 的电路

三题练习

【练11.4】 图 2 所示为两级运放组成的放大电路，已知 $u_{i1} = 0.1$ V，$u_{i2} = 0.2$ V，$u_{i3} = 0.3$ V，$R_{11} = R_{12} = R_{F1} = 30$ kΩ，$R_3 = R_4 = R_5 = R_{F2} = 10$ kΩ，求 u_o。

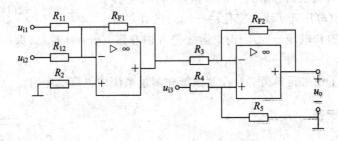

图 2　练 11.4 的电路

【练11.5】 图 3 所示为两级运放组成的放大电路，求 u_{i1}、u_{i2} 和 u_o 的关系。

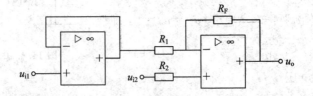

图 3　练 11.5 的电路

【练11.6】 试由运放组成一运算电路，实现 $u_o = 5u_{i1} + 2u_{i2}$。

项目应用

LM324 系列器件是具有真正的差分输入的运算放大器。在单电源应用中，它们与标准运算放大器类型相比具有明显优势。使用 LM324 实现的测温电路如图 4 所示。

（1）查阅 LM324 芯片资料，了解其引脚及功能。

（2）试分析其工作过程。

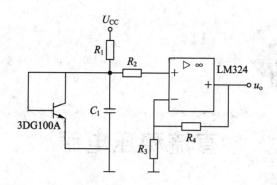

图 4　项目应用的电路

直流稳压电源

当今社会人们极大地享受着电子设备带来的便利，任何电子设备都有一个共同的单元——电源。大到超级计算机，小到袖珍计算器，所有的电子设备都必须在电源的支持下才能正常工作，可以说电源是一切电子设备的基础。

由于电子技术的特性，电子设备对电源的要求就是能够提供持续稳定的、满足负载要求的电能，而且通常情况下都要求提供稳定的直流电能。提供这种稳定的直流电能的电源就被称作直流稳压电源。

能力要素

(1) 能够识别直流稳压电源模块所包含的各部分电路。

(2) 能够根据实际要求选择直流稳压电源的变压器、整流元件、滤波电容等。

(3) 能够应用三端稳压器设计固定输出电压及可调输出电压的直流稳压电源。

知识结构

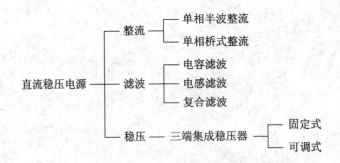

实践衔接

(1) 调研芯片 AMS1117 - 3.3/5，了解其引脚、功能和作用。

(2) 调研硅桥堆（半桥堆、全桥堆），了解其参数和组成。

(3) 调研生活中常用的直流稳压电源（手机充电器等），了解其参数和组成。

(4) 完成本模块的项目应用。

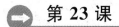

第 23 课

〖导学导课〗

　　本次课主要介绍直流稳压电源的组成和各分立模块电路的结构及工作原理，重点讨论桥式整流电路、电容滤波电路和集成稳压电路。

〖理论内容〗

　　图 12.1.0 是直流稳压电源的组成框图，包含四部分：变压、整流、滤波、稳压。

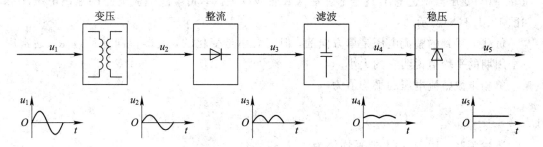

图 12.1.0　直流稳压电源组成框图

　　变压：使用整流变压器将交流电源电压变换为符合整流需要的交流电压。

　　整流：使用二极管将交流电压变换为单向脉动的直流电压。

　　滤波：使用电容、电感等器件减小整流电压的脉动程度，以适合负载的需要。

　　稳压：在交流电源电压波动或负载变动时，利用稳压器件稳定直流输出电压。

12.1　整　流　电　路

　　使用二极管将交流电变换为单向脉动直流电的电路称为整流电路。整流电路按输入电源相数可分为单相和三相整流电路；按输出波形可分为半波和全波整流电路；按电路结构可分为零式和桥式整流电路，目前广泛使用的是桥式整流电路。本节从单相半波整流电路出发，重点讨论单相桥式整流电路的结构及工作原理。需要说明的是，在本节分析中，均认为二极管为理想二极管。

12.1.1　单相半波整流电路

　　图 12.1.1(a)所示为最简单的整流电路——单相半波整流电路。

　　设 $u_2 = \sqrt{2}U_2\sin\omega t$。当 u_2 在正半周时，二极管 VD 承受正向电压而导通。此时有电流流过负载，并且与流过二极管的电流相同，则负载两端的输出电压等于变压器副边电压，即 $u_o = u_2$，输出电压 u_o 的波形与 u_2 相同。

　　当 u_2 在负半周时，二极管 VD 承受反向电压而截止。此时负载上无电流流过，输出电

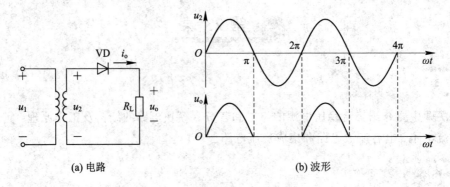

(a) 电路　　　　　　　　　　　　　　　(b) 波形

图 12.1.1　单相半波整流电路及其波形

压 $u_o=0$，变压器副边电压 u_2 全部加在二极管 VD 上。单相半波整流电路的输出电压波形如图 12.1.1(b)所示。

负载上得到的整流电压是单方向的，但其大小是变化的，此即单向脉动电压，通常用一个周期的平均值说明它的大小。

单相半波整流电压的平均值为

$$U_o = \frac{1}{2\pi}\int_0^\pi \sqrt{2}U_2 \sin\omega t\, \mathrm{d}(\omega t) = \frac{\sqrt{2}}{\pi}U_2 = 0.45U_2 \tag{12.1.1}$$

流过负载电阻 R_L 的电流平均值为

$$I_o = \frac{U_o}{R_L} = 0.45\frac{U_2}{R_L} \tag{12.1.2}$$

流过二极管电流的平均值与负载电流平均值相等，即

$$I_D = I_o = 0.45\frac{U_2}{R_L} \tag{12.1.3}$$

二极管截止时承受的最高反向电压为 u_2 的最大值，即

$$U_{RM} = \sqrt{2}U_2 \tag{12.1.4}$$

12.1.2　单相桥式整流电路

单相半波整流电路的缺点是只利用了电源的半个周期，同时整流电压的脉动较大。为了克服这些缺点，常采用全波整流电路，其中最常用的是单相桥式整流电路，如图 12.1.2 (a)所示，图 12.1.2(b)是其简化画法。

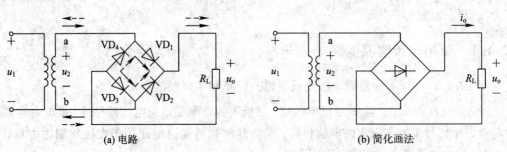

(a) 电路　　　　　　　　　　　　　　　(b) 简化画法

图 12.1.2　单相桥式整流电路及其简化画法

u_2在正半周时，a 点电位高于 b 点电位，二极管 VD_1、VD_3 承受正向电压而导通，VD_2、VD_4 承受反向电压而截止。电流的路径为：a→VD_1→R_L→VD_3→b。此时，负载 R_L 上得到一个半波电压，$u_o = u_2$，如图 12.1.3 中 u_o 的 $0 \sim \pi$、$2\pi \sim 3\pi$ 段所示。

u_2在负半周时，b 点电位高于 a 点电位，二极管 VD_2、VD_4 承受正向电压而导通，VD_1、VD_3 承受反向电压而截止。电流的路径为：b→VD_2→R_L→VD_4→a。同样，负载 R_L 上得到一个半波电压 $u_o = -u_2$，如图 12.1.3 中 u_o 的 $\pi \sim 2\pi$、$3\pi \sim 4\pi$ 段所示。

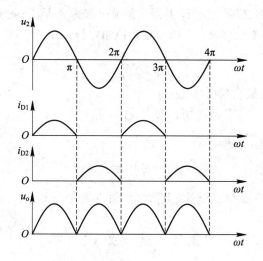

图 12.1.3　单相桥式整流电路电压和电流的波形

显然，单相桥式整流电路的整流电压平均值比半波整流时增加了一倍，即

$$U_o = \frac{1}{\pi} \int_0^\pi \sqrt{2} U_2 \sin\omega t \, d(\omega t) = 0.9 U_2 \tag{12.1.5}$$

流过负载电阻 R_L 的电流平均值为

$$I_o = \frac{U_o}{R_L} = 0.9 \frac{U_2}{R_L} \tag{12.1.6}$$

流过每个二极管的电流平均值为负载电流的一半，即

$$I_D = \frac{1}{2} I_o = 0.45 \frac{U_2}{R_L} \tag{12.1.7}$$

每个二极管截止时承受的最高反向电压为 u_2 的最大值，即

$$U_{RM} = \sqrt{2} U_2 \tag{12.1.8}$$

整流变压器副边电压的有效值为

$$U_2 = \frac{U_o}{0.9} = 1.11 U_o \tag{12.1.9}$$

整流变压器副边电流的有效值为

$$I_2 = \frac{U_2}{R_L} = 1.11 \frac{U_o}{R_L} = 1.11 I_o \tag{12.1.10}$$

【例 12.1.1】　设计一个输出电压为 24 V，输出电流为 1 A 的直流电源，电路形式可采用半波整流或桥式整流，试确定两种电路形式的变压器副边绕组的电压有效值，并选定相应的整流二极管。

解　(1) 当采用半波整流电路时，变压器副边绕组电压的有效值为

$$U_2 = \frac{U_o}{0.45} = \frac{24}{0.45} = 53.3 \text{ V}$$

整流二极管承受的最高反向电压为

$$U_{RM} = \sqrt{2}U_2 = 1.41 \times 53.3 = 75.2 \text{ V}$$

流过整流二极管的平均电流为

$$I_D = I_o = 1 \text{ A}$$

因此可选用一只 2CZ12B 整流二极管,其最大整流电流为 3 A,最高反向工作电压为 200 V。

(2) 当采用桥式整流电路时,变压器副边绕组电压的有效值为

$$U_2 = \frac{U_o}{0.9} = \frac{24}{0.9} = 26.7 \text{ V}$$

整流二极管承受的最高反向电压为

$$U_{RM} = \sqrt{2}U_2 = 1.41 \times 26.7 = 37.6 \text{ V}$$

流过整流二极管的平均电流为

$$I_D = \frac{1}{2}I_o = 0.5 \text{ A}$$

因此可选用四只 2CZ11A 整流二极管,其最大整流电流为 1 A,最高反向工作电压为 100 V。

12.2　滤　波　电　路

整流电路可以将交流电转换为直流电,但是脉动较大。在某些应用中,如电镀、蓄电池充电等可直接使用脉动直流电源。但许多电子设备使用的是平稳的直流电源,需要在整流电路中加滤波电路将交流成分滤除,以得到比较平滑的输出电压。滤波通常是利用电容或电感的能量存储功能来实现的。

12.2.1　电容滤波器

单相桥式整流电路中接入电容滤波器后,电路如图 12.2.1(a)所示,输出电压的波形如图 12.2.1(b)所示。

该电路的基本工作过程是:在 $0 \sim t_1$ 期间,因 $u_2 < u_o$,二极管均截止,此阶段电容 C 对 R_L 按指数规律放电,提供负载所需电流,同时 u_o 下降。至 t_1 之后,u_2 超过 u_o,使得 VD_1 和 VD_3 导通,$u_o = u_2$,交流电源对 C 充电,同时向 R_L 供电。此阶段 u_o 紧随 u_2 按正弦规律上升至 u_2 的最大值,然后 u_2 继续按正弦规律下降。至 t_2 之后,$u_2 < u_o$,使得二极管均截止,电容 C 再一次开始放电。至 t_3 之后,$-u_2 > u_o$,使得 VD_2 和 VD_4 导通,$u_o = -u_2$,交流电源再一次对 C 充电,同时向 R_L 供电。

这样循环下去,u_2 周期性变化,电容 C 周而复始地进行充电和放电,使输出电压 u_o 脉动减小。电容 C 放电的快慢取决于时间常数($\tau = R_L C$)的大小,时间常数越大,电容 C 放电越慢,输出电压 u_o 就越平坦,平均值也越高。

通常在设计时根据负载的情况选择电容值,使 $R_L C \geqslant \frac{3 \sim 5}{2} T$,$T$ 为交流电源的周期,此时输出电压约为

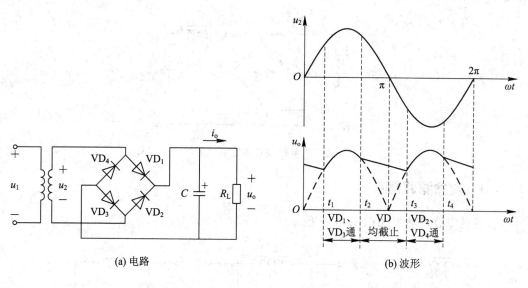

(a) 电路　　　　　　　　　　　　　　　(b) 波形

图 12.2.1　接有电容滤波器的单相桥式整流电路及其波形

$$U_\circ \approx 1.2U_2 \qquad\qquad (12.2.1)$$

【例 12.2.1】　设计一单相桥式整流电容滤波电路。要求输出电压 $U_\circ = 48$ V，已知负载电阻 $R_L = 100\ \Omega$，交流电源频率为 50 Hz，试选择整流二极管和滤波电容器。

解　流过整流二极管的平均电流为

$$I_D = \frac{1}{2}I_\circ = \frac{1}{2} \times \frac{U_\circ}{R_L} = \frac{1}{2} \times \frac{48}{100} = 0.24 \text{ A} = 240 \text{ mA}$$

变压器副边电压有效值为

$$U_2 = \frac{U_\circ}{1.2} = \frac{48}{1.2} = 40 \text{ V}$$

整流二极管承受的最高反向电压为

$$U_{RM} = \sqrt{2}U_2 = 1.41 \times 40 = 56.4 \text{ V}$$

因此可选用 2CZ11B 整流二极管，其最大整流电流为 1 A，最高反向工作电压为 200 V。

取 $\tau = R_L C = 5 \times \dfrac{T}{2} = 5 \times \dfrac{0.02}{2} = 0.05$ s，则

$$C = \frac{\tau}{R_L} = \frac{0.05}{100} = 500 \times 10^{-6} \text{F} = 500\ \mu\text{F}$$

因此，可选 100 V、470 μF 的电解电容器。

12.2.2　电感滤波器

单相桥式整流电感滤波电路如图 12.2.2 所示。

当流过电感的电流发生变化时，线圈中产生自感电动势阻碍电流的变化，使负载电压和电流的脉动减小。

电感滤波适用于负载电流较大的场合。它的缺点是制作复杂、体积大、笨重且存在电磁干扰。

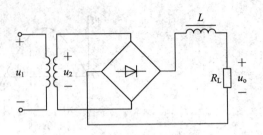

图 12.2.2　单相桥式整流电感滤波电路

12.2.3　复合滤波器

常见的复合滤波器如图 12.2.3 所示。

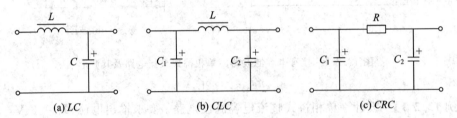

(a) *LC*　　　　　　　　(b) *CLC*　　　　　　　　(c) *CRC*

图 12.2.3　常见的复合滤波器

LC、*CLC* 型滤波电路适用于负载电流较大、要求输出电压脉动较小的场合。有时候采用电阻替代笨重的电感，组成 *CRC* 型滤波电路，同样可以获得脉动很小的输出电压。但电阻对交、直流均有压降和功率损耗，故只适用于负载电流较小的场合。

12.3　稳　压　电　路

将不稳定的直流电压变换成稳定且可调的直流电压的电路称为直流稳压电路；最简单的直流稳压电路采用稳压二极管和限流电阻组成。本模块仅学习集成稳压电路。

集成稳压电路是将稳压电路的主要元件甚至全部元件制作在一块硅基片上的集成电路，具有体积小、使用方便、工作可靠等特点。

集成稳压器的种类很多，作为小功率的直流稳压电源，应用最普遍的是三端式串联型集成稳压器。三端式是指稳压器仅有输入端、输出端和公共端三个接线端。

三端集成稳压器分固定式和可调式两种。

1. 三端固定式集成稳压器

三端固定式集成稳压器的典型产品为 W78×× 和 W79×× 系列。W78×× 系列输出正电压有 5 V、12 V、24 V 等多种，若要获得负输出电压，则选 W79×× 系列即可。例如 W7805 输出 +5 V 电压，W7905 则输出 −5 V 电压。这类三端稳压器在加装散热器的情况下，输出电流可达 1.5～2.2 A，最高输入电压为 35 V，最小输入、输出电压差为 2～3 V，输出电压变化率为 0.1%～0.2%。

三端固定式集成稳压器外形及管脚排列如图 12.3.1 所示。

图 12.3.1 三端固定式集成稳压器外形和管脚排列图

三端固定式集成稳压器的典型应用电路如图 12.3.2 所示。其中图 12.3.2(a)中的 C_1 用以抵消输入端较长引线的电感效应,接线短时可不用,一般选取 $0.1 \sim 1\ \mu F$,如 $0.33\ \mu F$。C_2 是为了避免瞬时增减负载电流时输出电压的较大波动,一般选取 $1\ \mu F$。图 12.3.2(b)、(c)、(d)是应用改进电路。

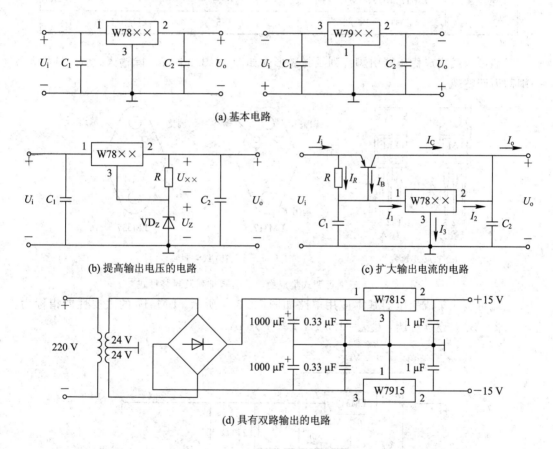

图 12.3.2 三端固定式集成稳压器典型应用电路

2. 三端可调式集成稳压器

三端可调式集成稳压器的输出电压可调,稳压精度高,输出脉动小,只需外接两个不同的电阻,即可获得一定范围内的输出电压。它分为三端可调正电压集成稳压器和三端可调负电压集成稳压器。其典型产品分类见表 12.3.1。

表 12.3.1 三端可调式集成稳压器

类型	产品系列或型号	最大输出电流 I_{omax}/A	输出电压 U_o/V
正电压输出	LM117L/217L/317L	0.1	1.2~37
	LM117M/217M/317M	0.5	1.2~37
	LM117/217/317	1.5	1.2~37
	LM150/250/350	3	1.2~33
	LM138/238/338	5	1.2~32
	LM196/396	10	1.25~15
负电压输出	LM137L/237L/337L	0.1	−1.2~−37
	LM137M/237M/337M	0.5	−1.2~−37
	LM137/237/337	1.5	−1.2~−37

三端可调式集成稳压器引脚排列及封装形式如图 12.3.3 所示。除输入、输出端外，另一端称为调整端。

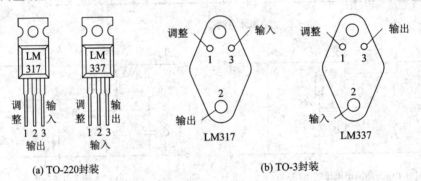

(a) TO-220封装　　　　　　　　(b) TO-3封装

图 12.3.3 三端可调式集成稳压器引脚排列及封装形式

三端可调式集成稳压器基本应用电路如图 12.3.4 所示。LM317 的主要性能指标为：$U_o = 1.2 \sim 37$ V 连续可调，$I_{omax} = 1.5$ A，$I_{omin} \geqslant 5$ mA。

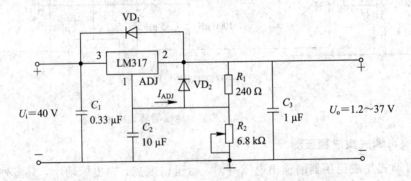

图 12.3.4 三端可调式集成稳压器基本应用电路

因 LM317 的最小输出电压 U_{REF} 为 1.2 V，且 $U_{REF} = U_{R1} = \dfrac{R_1}{R_1 + R_2} U_o = 1.2$ V。而调整电流 I_{ADJ} 约为 50 μA，可忽略不计，所以输出电压 U_o 为

$$U_{\circ} = 1.2\left(1 + \frac{R_2}{R_1}\right) \tag{12.3.1}$$

为保证负载开路时 $I_{\text{omin}} \geqslant 5\ \text{mA}$，则 $R_{1\text{max}} = U_{\text{REF}}/5\ \text{mA} = 240\ \Omega$。又因为 $U_{\text{omax}} = 37\ \text{V}$，$R_2$ 为调节电阻，由式(12.3.1)可得：R_2 约为 7.16 kΩ，取 $R_2 = 6.8\ \text{kΩ}$。

C_2 是为了减小 R_2 两端脉动电压而设置的，一般取 10 μF。C_3 是为了防止输出端负载呈感性时可能出现的阻尼振荡，取 1 μF。C_1 为输入端滤波电容，可抵消电路的电感效应及滤除输入干扰脉冲，取 0.33 μF。VD_1、VD_2 是保护二极管，可选整流二极管 2CZ56C。

专题探讨

第 23 课

【专 12.1】 试分析图 1 所示桥式整流电路中的二极管 VD_2 或 VD_4 断开时负载电压的波形。如果 VD_2 或 VD_4 接反，后果如何？如果 VD_2 或 VD_4 因击穿而短路，后果又如何？

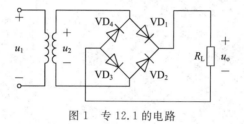

图 1 专 12.1 的电路

三题练习

【练 12.1】 电路如图 2 所示，将其合理连接组成一个 12 V 的直流电源。

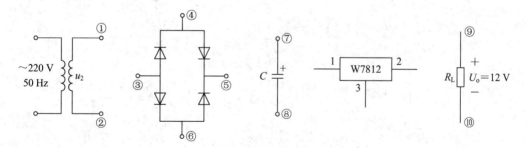

图 2 练 12.1 的电路

【练 12.2】 电路如图 3 所示，已知 $R_L = 20\ \Omega$，直流电压表 V 的读数为 110 V，试求：
(1) 直流电流表 A 的读数；(2) 交流电压表 V_1 的读数。二极管正向压降忽略不计。

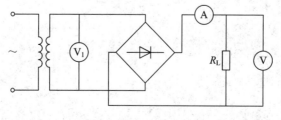

图 3 练 12.2 的电路

【练 12.3】　例 12.1.1 中，假设电源电压为 220 V，求电路形式为桥式整流时变压器的变比和容量。

《项目应用》

某电源生产企业为手机厂商提供充电器，要求设计一个输出为 5 V、2 A 的直流稳压电源。查阅资料，依据本模块知识简单设计该直流稳压电源并进行元器件选型。

第四部分

数字电子技术

逻 辑 门 电 路

数字电路是当前发展最快的领域之一。计算机、数字仪表、手机等经常用到的电子设备都是以数字电路为基础的。

数字电路与模拟电路均使用半导体器件完成电路功能。与模拟电路不同,数字电路利用的是半导体器件的饱和区与截止区,即数字电路中只有"高电平"与"低电平"两种离散的情况。为了用数学的方法表示这两种情况,在随后的模块中用数字"1"表示"高电平",用数字"0"表示"低电平"。

数字电路的几个模块主要学习数字电路分析与设计方法,而对所用到的元器件内部结构、原理不进行详细讲解。

能力要素

(1) 掌握基本逻辑门电路与复合逻辑门电路的逻辑符号和运算规则。

(2) 能够应用与非门、或非门组成与门、或门和非门。

(3) 理解三态门的作用,能够应用三态门完成简单总线相关电路设计。

知识结构

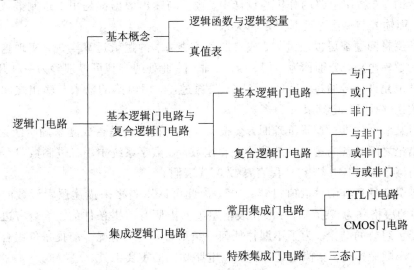

实践衔接

(1) 调研常用逻辑门，观察其外形，了解其引脚和作用。

(2) 完成本模块的项目应用。

➡ 第 24 课

导学导课

图 13.1.0 是某图书馆人流量统计系统的设计框图，分别在入口与出口处安装用来采集读者出入信息的传感器，传感器可以将出入信息转换为脉冲信号（即高电平或低电平），经过计数器累加、计算器处理后，可以得到当前图书馆内的人数信息，并通过译码器在显示器上显示。这是一个相对比较完整的数字系统。

图 13.1.0　图书馆人流量统计系统

在数字系统中，输入的是离散的数字信息，经过数字器件处理后，获得一组数字信息作为输出。数字系统的工作过程就是各类逻辑运算的叠加，本次课将对逻辑运算和逻辑门电路进行介绍。

理论内容

由于利用了半导体器件的"饱和"与"截止"，因此数字电路的信息是用电平的"高"或者"低"来表示的。在数字电路的分析与设计中，输入与输出数据都是用二进制数或二进制编码描述的，而输入与输出之间具有逻辑关系。

所有的逻辑问题都可以通过与、或、非这三种基本的逻辑运算实现。实现这三种运算的电路称为逻辑电路，分别称为与门、或门、非门。此处的"门"可以理解为一种开关，在某种特定条件下允许信号通过，反之，信号无法通过，即门电路的输入与输出之间存在着一定的逻辑关系，所以门电路又称为逻辑门。

人们对某些事件进行逻辑推理时，会根据一些前提条件是否成立来确定结论。这些前提条件与结论之间具备的逻辑关系称为逻辑函数。在数字系统中用二进制数"1"与"0"表示逻辑的真与假，在本书中，用"1"代表真，"0"代表假。

由于逻辑变量只有两种取值"1"与"0"，因此可以用表格来描述逻辑函数的全部真伪关系，这样的表格称为真值表。一般在表格左边列出所有前提条件的组合，右边为对应的每种逻辑变量组合的结论。为了不漏掉任何一组组合，一般情况下前提条件组合的排序按照二进制大小顺序排列。真值表是描述逻辑电路功能的重要工具。

13.1　基本逻辑门电路与复合逻辑门电路

13.1.1　基本逻辑门电路

1. 与逻辑

只有当决定某件事情的所有条件全部具备时，结果才成立，这样的逻辑关系称为与逻辑。如图 13.1.1 所示电路，只有当开关 A 和 B 同时闭合时，灯 F 才会亮。

假设开关 A、B 闭合为 1，断开为 0，灯 F 亮为 1，灭为 0，则灯 F 与开关 A、B 之间的逻辑关系如表 13.1.1 所示。

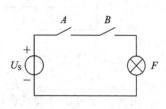

图 13.1.1　与逻辑电路

表 13.1.1　与逻辑真值表

A	B	F
0	0	0
0	1	0
1	0	0
1	1	1

与逻辑可以表示为

$$F = A \cdot B \text{ 或 } F = AB$$

由真值表可以得到与逻辑的运算规则

$$0 \cdot 0 = 0, \quad 0 \cdot 1 = 0, \quad 1 \cdot 0 = 0, \quad 1 \cdot 1 = 1$$

由此可以得到

$$0 \cdot A = 0, \quad 1 \cdot A = A, \quad A \cdot A = A$$

与运算的运算规律：有 0 出 0，全 1 出 1。

能实现与运算的电路称为与门，与门的逻辑符号如图 13.1.2 所示。

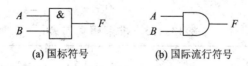

(a) 国标符号　　　　　(b) 国际流行符号

图 13.1.2　与门逻辑符号

2. 或逻辑

在决定某件事情的几个条件中，只要有任意一个或几个条件具备，结果就成立，这样的逻辑关系称为或逻辑。如图 13.1.3 所示电路，开关 A 或 B 只要有一个闭合，灯 F 就会亮。

开关 A、B 与灯 F 的逻辑定义同前，则 F 与 A、B 之间的逻辑关系如表 13.1.2 所示。

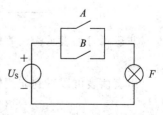

图 13.1.3　或逻辑电路

表 13.1.2　或逻辑真值表

A	B	F
0	0	0
0	1	1
1	0	1
1	1	1

或逻辑可以表示为

$$F = A + B$$

由真值表可以得到或逻辑的运算规则

$$0+0=0, \quad 0+1=1, \quad 1+0=1, \quad 1+1=1$$

由此可以得到

$$0+A=A, \quad 1+A=1, \quad A+A=A$$

或运算的运算规律：有 1 出 1，全 0 出 0。

能实现或运算的电路称为或门，或门的逻辑符号如图 13.1.4 所示。

(a) 国标符号　　　　　　　**(b) 国际流行符号**

图 13.1.4　或门逻辑符号

3. 非逻辑

当决定某个事件的条件不具备时，结果成立，而决定这个事件的条件具备时，结果不成立，这样的逻辑关系称为非逻辑。如图 13.1.5 所示电路，当开关 A 断开时，灯 F 才会亮。而当 A 闭合时，灯 F 不亮。

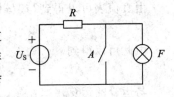

图 13.1.5　非逻辑电路

开关 A 与灯 F 的逻辑定义同前，则 F 与 A 之间的逻辑关系如表 13.1.3 所示。

表 13.1.3　非逻辑真值表

A	F
0	1
1	0

非逻辑可以表示为

$$F = \overline{A}$$

由真值表可以得到非逻辑的运算规则

$$\overline{0} = 1, \quad \overline{1} = 0$$

由与、或、非的运算规则，可以得到

$$\overline{\overline{A}} = A, \quad A + \overline{A} = 1, \quad A \cdot \overline{A} = 0$$

非运算的运算规律：输入与输出相反。

能实现非运算的电路称为非门，非门的逻辑符号如图 13.1.6 所示。

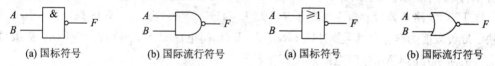

（a）国标符号　　　　（b）国际流行符号

图 13.1.6　非门逻辑符号

13.1.2　复合逻辑门电路

"与""或""非"是逻辑代数中最基本的三种运算，它们可以表示任何复杂的逻辑函数。实验证明，"与非""或非""与或非"三种逻辑中的任何一种，都可以完成"与""或""非"的功能，即只要具备以上三个逻辑中的任意一种就可以设计出任何逻辑电路，这给数字电路设计工作带来了非常多的便利。

（1）与非逻辑：与、非逻辑的组合，"先与后非"。其功能和与逻辑的功能相反，可以总结为：有 0 出 1，全 1 出 0。与非逻辑可以表示为

$$F = \overline{A \cdot B} \quad 或 \quad F = \overline{AB}$$

与非门逻辑符号如图 13.1.7 所示。

（2）或非逻辑：或、非逻辑的组合，"先或后非"。其功能和或逻辑的功能相反，可以总结为：有 1 出 0，全 0 出 1。或非逻辑可以表示为

$$F = \overline{A + B}$$

或非门逻辑符号如图 13.1.8 所示。

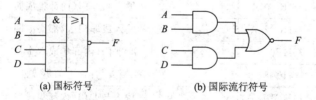

（a）国标符号　　（b）国际流行符号　　　（a）国标符号　　（b）国际流行符号

图 13.1.7　与非门逻辑符号　　　　　图 13.1.8　或非门逻辑符号

（3）与或非逻辑：与、或、非逻辑的组合，"先与再或后非"。与或非逻辑可以表示为

$$F = \overline{AB + CD}$$

与或非门逻辑符号如图 13.1.9 所示。

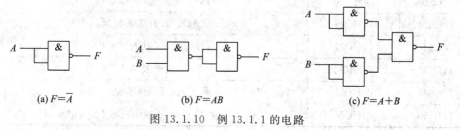

（a）国标符号　　　　　（b）国际流行符号

图 13.1.9　与或非门逻辑符号

【例 13.1.1】　试用两输入与非门完成 $F = \overline{A}$，$F = AB$，$F = A + B$。（提示：$\overline{A + B} = \overline{A} \cdot \overline{B}$）

解　由 $F = \overline{A} = \overline{A \cdot A}$ 可知，使用一个与非门完成非门的电路如图 13.1.10（a）所示。

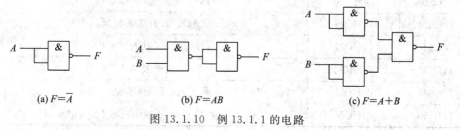

（a）$F = \overline{A}$　　　　（b）$F = AB$　　　　（c）$F = A + B$

图 13.1.10　例 13.1.1 的电路

由 $F=AB=\overline{\overline{AB}}$可知，使用两个与非门完成与门的电路如图 13.1.10(b)所示。

由 $F=A+B=\overline{\overline{A+B}}=\overline{\overline{A}\cdot\overline{B}}$可知，使用三个与非门完成或门的电路如图 13.1.10(c)所示。

13.2　集成逻辑门电路

1. 概述

门电路是数字电路的基本单元，不仅可以由分立元件组成，还可以由集成电路组成。从制造工艺分，集成逻辑门电路有两大类：双极型集成电路和单极型集成电路。在双极型电路中应用最广泛的是 TTL 门电路，而单极型电路以 CMOS 门电路尤为常见。以下对这两种电路进行介绍。

TTL 门电路由双极型晶体管组成，是应用最早、技术成熟的集成电路，其电路特点是速度快、负载能力强，但是功耗大、结构复杂、不利于集成。目前广泛使用的 TTL 门电路是 74LS 系列，该系列电路主要应用于中、小规模集成电路，其工作电压为 5 V。

CMOS 电路由单极型场效应管组成，具有功耗低、工作电压范围宽、抗干扰能力强等特点。随着工艺技术不断改进，CMOS 电路已经占据了集成电路的主导地位，大量应用于大规模与超大规模集成电路。早期生产的 CMOS 门电路为 4000 系列，其工作速度相对较慢，与 TTL 电路不兼容。随后出现了 74HC 和 74HCT 系列高速 CMOS 门电路，其工作速度快、带负载能力强。尤其是 74HCT 系列与 TTL 门电路兼容，可以交互使用。需要注意的是，不同系列的 CMOS 门电路对工作电压要求不一样。

表 13.2.1 给出常用的门电路器件型号，在具体使用时需要参见引脚说明来确定其输入与输出。

表 13.2.1　常用门电路器件一览表

TTL 型号	CMOS 型号	功　能　简　介
74LS00	74HC00	两输入与非门（内部集成四个）
74LS02	74HC02	两输入或非门（内部集成四个）
74LS04	74HC04	非门（内部集成六个）
74LS08	74HC08	两输入与门（内部集成四个）
74LS10	74HC10	三输入与非门（内部集成三个）
74LS11	74HC11	三输入与门（内部集成四个）
74LS13	74HC13	四输入与非门（内部集成两个）
74LS20	74HC20	四输入与非门（内部集成两个）
74LS21	74HC21	四输入与门（内部集成两个）
74LS27	74HC27	三输入或非门（内部集成三个）
74LS30	74HC30	八输入与非门
74LS32	74HC32	两输入或门（内部集成四个）
74LS50	74HC50	两输入与或非门（形如 $F=\overline{AB+CD}$内部集成两个）

2. 三态门

三态门是一种特殊的电路结构，在普通门电路的基础上加入了控制电路，使其输出端出现除了高低电平以外的第三种状态：高阻态。高阻态是一种特殊状态，当门电路输出处于高阻态时，相当于悬空，相对负载而言呈现开路状态，与负载之间无信号联系，所以高阻态并非逻辑状态。

三态门的逻辑符号与普通门电路逻辑符号类似，只是多了 EN 端，这个端称为控制端。如图 13.2.1(a)所示，图中 EN＝1 时，该三态门为普通的与非门；EN＝0 时，无论输入端信号是什么(在真值表中用×表示)，输出为高阻。这种电路称为控制端高电平有效的三态与非门，反之，如图 13.2.1(b)所示，称为控制端低电平有效的三态与非门。

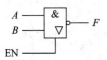

EN	A	B	F
0	×	×	高阻
1			$\overline{AB}$

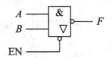

EN	A	B	F
1	×	×	高阻
0			$\overline{AB}$

(a) 高电平有效的三态与非门　　　　　　　(b) 低电平有效的三态与非门

图 13.2.1　三态与非门

按其功能分，三态门除了图 13.2.1 中的三态与非门以外，还有三态非门、三态缓冲门和三态与门，这几类三态门的控制端可以是高电平或者低电平有效。常用的三态门及其功能如表 13.2.2 所示。三态门主要用于实现多路数据在总线上的分时传递，目的在于确保任何时刻只有一路信号与总线接通。

表 13.2.2　常用三态门及其功能

名　　称	逻辑符号	功　　能
三态非门	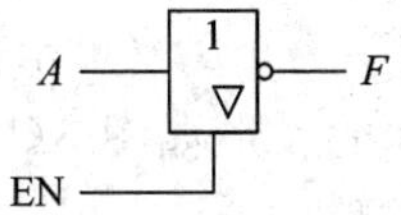 A —[1 ▽]o— F，EN	当 EN＝0 时，输出高阻； 当 EN＝1 时，输出 $F=\overline{A}$
	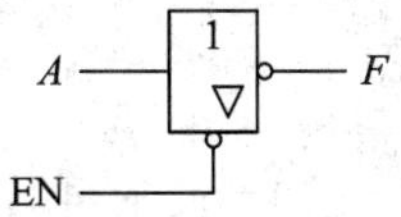 A —[1 ▽]o— F，EN	当 EN＝1 时，输出高阻； 当 EN＝0 时，输出 $F=\overline{A}$
三态缓冲门	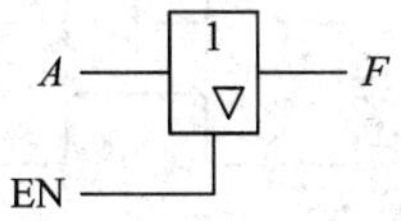 A —[1 ▽]— F，EN	当 EN＝0 时，输出高阻； 当 EN＝1 时，输出 $F=A$
	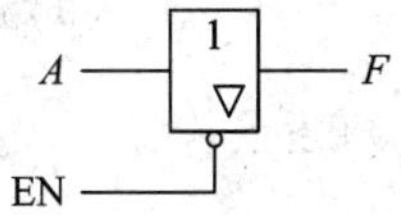 A —[1 ▽]— F，EN	当 EN＝1 时，输出高阻； 当 EN＝0 时，输出 $F=A$
三态与门	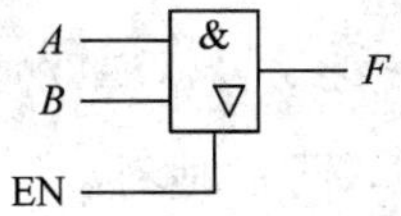 A B —[& ▽]— F，EN	当 EN＝0 时，输出高阻； 当 EN＝1 时，输出 $F=AB$
	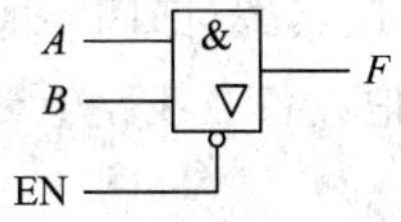 A B —[& ▽]— F，EN	当 EN＝1 时，输出高阻； 当 EN＝0 时，输出 $F=AB$

【专 13.1】 电路如图 1 所示，讨论 E 端输入不同时该电路的功能。

第 24 课

【练 13.1】 电路及其输入波形如图 2 所示，绘制其输出波形。

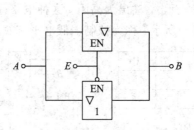

图 1　专 13.1 的电路

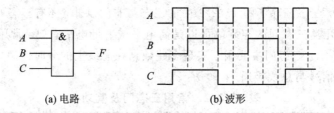

(a) 电路　　　　　　　　(b) 波形

图 2　练 13.1 的电路及其输入波形

【练 13.2】 用或非门完成 $F=\overline{A}$，$F=AB$，$F=A+B$。（提示：$\overline{AB}=\overline{A}+\overline{B}$）

【练 13.3】 电路如图 3(a) 所示，输入 A、B 的波形如图 3(b) 所示，试求当 $C=1$ 和 $C=0$ 两种情况下，输出 F 的逻辑表达式并绘制波形。

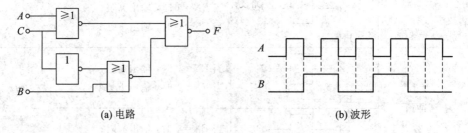

(a) 电路　　　　　　　　　　(b) 波形

图 3　练 13.3 的电路及其输入波形

在计算机系统中，有四个设备共用一条总线，同一时刻总线上只允许有一个设备向 CPU 发送信息，试采用三态门完成一位的分时复用系统（即同一时刻在总线上只能输出某一个设备的一位信号，利用三态门的高阻态使其他设备在线路上断开）。

组合逻辑电路

　　数字电路根据其逻辑特点分为组合逻辑电路与时序逻辑电路。组合逻辑电路的特点是，电路当前的输出状态只取决于当前的输入状态，而与之前的状态无关，即没有记忆功能。

能力要素

　　(1) 能够综合应用公式化简逻辑函数。
　　(2) 能够分析与设计组合逻辑电路。
　　(3) 能够应用 74LS138 实现任意逻辑函数。
　　(4) 能够应用 74LS247 对数码管译码。

知识结构

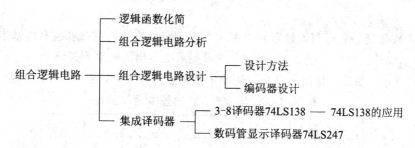

实践衔接

　　(1) 调研 74LS138、74LS247 以及共阴极和共阳极七段数码管，了解其引脚和作用。
　　(2) 完成本模块的项目应用。

第 25 课

导学导课

　　对组合逻辑电路的讨论包括设计与分析。设计是指根据实际中提出的功能得到实现该功能的逻辑电路，但是从实际问题中直接获取逻辑函数而绘制的电路，往往比较复杂。如图 14.1.0 所示，图(a)是直接抽象所得到的电路，图(b)是经过化简的电路，显然，图(b)比图(a)的结构要简单。由此可见，直接抽象逻辑函数后画出的电路输入个数多、门数多，由此带来的功耗高、成本高、可靠性低等问题可以通过逻辑函数化简得到改进。分析是指由已知逻辑电路推导其电路功能的过程。例如在电路维修时，需要根据说明书上的电路图分析其原理。本次课将要讲解的就是逻辑函数的化简方法以及组合逻辑电路的分析。

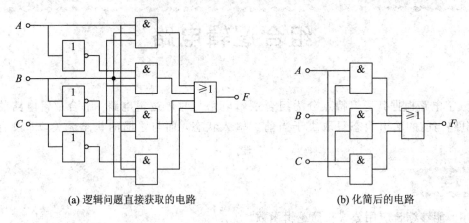

(a) 逻辑问题直接获取的电路　　　　　　(b) 化简后的电路

图 14.1.0　化简前后的电路

14.1　逻辑函数化简

逻辑函数化简是分析与设计逻辑电路的数学工具，是指应用布尔运算的基本公式进行化简的方法，即根据"与""或""非"等基本逻辑关系推导出的一系列逻辑代数运算法则。

(1) 基本运算法则，是指三种基本逻辑函数的运算方法，如表 14.1.1 所示。

表 14.1.1　与、或、非的基本运算法则

与运算	$0 \cdot A = 0$	$1 \cdot A = A$	$A \cdot A = A$
或运算	$0 + A = A$	$1 + A = 1$	$A + A = A$
非运算	$A \cdot \overline{A} = 0$	$A + \overline{A} = 1$	$\overline{\overline{A}} = A$

(2) 交换、结合、分配律，这几个定律与算术运算定律类似，如表 14.1.2 所示。

表 14.1.2　基本运算定律

交换律	$AB = BA$	$A + B = B + A$
结合律	$ABC = (AB)C = A(BC)$	$A + B + C = (A + B) + C = A + (B + C)$
分配律	$A(B + C) = AB + AC$	$A + BC = (A + B)(A + C)$

分配律 $A + BC = (A + B)(A + C)$ 在普通算术运算中没有，以下给出其证明过程。

$$(A+B)(A+C) = AA + AC + BA + BC$$
$$= A + AC + AB + BC$$
$$= A(1+C+B) + BC$$
$$= A + BC$$

（3）吸收律，是化简逻辑函数的几个常用公式，最大的好处是可以将作"或"的项数或者作"与"的变量个数减少，如表 14.1.3 所示。

表 14.1.3　吸　收　律

吸收律 1	$A+AB=A$ *	$A(A+B)=A$
吸收律 2	$AB+A\bar{B}=A$ *	$(A+B)(A+\bar{B})=A$
吸收律 3	$A+\bar{A}B=A+B$ *	$A(\bar{A}+B)=AB$

以上三种吸收律，标 * 的三个更为常用，其中 $A+\bar{A}B=A+B$ 不是非常直观，以下给出其证明过程。

$$A+\bar{A}B = (A+\bar{A})(A+B) \qquad 分配律$$
$$= A+B$$

（4）反演律，又称为摩根定律，如表 14.1.4 所示。这两个公式可以通过真值表证明。

表 14.1.4　反　演　律

反演律	$\overline{AB}=\bar{A}+\bar{B}$	$\overline{A+B}=\bar{A}\cdot\bar{B}$

14.2　组合逻辑电路的分析

组合逻辑电路的分析步骤如下：
（1）写出输入与输出之间的逻辑函数；
（2）将逻辑函数进行化简；
（3）列出真值表；
（4）根据真值表分析电路的逻辑功能。

【例 14.2.1】　分析图 14.1.0(a)所示电路的功能。

解　（1）写出逻辑函数并化简。

$$F = ABC + AB\bar{C} + A\bar{B}C + \bar{A}BC$$
$$= ABC + AB\bar{C} + ABC + A\bar{B}C + ABC + \bar{A}BC$$
$$= AB + AC + BC$$

（2）列出真值表，如表 14.2.1 所示。

表 14.2.1　真　值　表

A	B	C	F
0	0	0	0
0	0	1	0

续表

A	B	C	F
0	1	0	0
0	1	1	1
1	0	0	0
1	0	1	1
1	1	0	1
1	1	1	1

（3）由表 14.2.1 可知，当 A、B、C 三个变量中有两个或两个以上为 1 时，输出为 1。这样的电路称为三变量多数表决器。

（4）由第（1）步可知，该电路可以进一步优化，优化后的电路如图 14.1.0(b) 所示。

由上可知，在得到逻辑函数之后，通过化简可以验证逻辑电路的合理性，确定电路是否可以进一步优化。

专题探讨

第 25 课

【专 14.1】 用吸收律化简下列逻辑函数，并讨论三个吸收律在化简中使用的技巧。

（1）$F = A + AB + ABC + ABCD$；

（2）$F = ABC + A\overline{B}C + AB\overline{C}$；

（3）$F = \overline{A} + AB$。

【专 14.2】 将与或逻辑 $AB + AC$ 用与非逻辑表示。

三题练习

【练 14.1】 化简下列逻辑函数。

（1）$F = 1 + AB + A\overline{B} + ABC$；

（2）$F = ABC + AB\overline{C} + ABD + \overline{A}$；

（3）$F = ABC + A\overline{B} + A\overline{C}$。

【练 14.2】 证明下列各式。

（1）$A(A + B) = A$；

（2）$(A + B)(A + \overline{B}) = A$；

（3）$A(\overline{A} + B) = AB$；

（4）$AB + \overline{A}C + BC = AB + \overline{A}C$。

【练 14.3】 电路如图 1 所示，分析其功能。

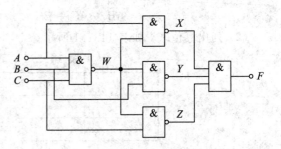

图 1　练 14.3 的电路

第 26 课

§导学导课§

　　实际中，很多电子系统都是由逻辑电路实现的。例如，电厂的故障报警系统，可以按照故障优先级别来设计报警检测的逻辑关系，从而实现在多个故障出现时，对优先级高的故障先行响应。又如，军事上进行情报传输时，为了信息不被敌人侦破，情报发送方会通过特定方式将信息进行编码，编码以二进制形式在线路上传递；接收方在收到情报后，经解码获取有效信息。这些逻辑电路都是在给定逻辑要求的情况下设计出来的。本次课将讨论组合逻辑电路的设计方法和编码器的设计过程。

§理论内容§

14.3　组合逻辑电路的设计

　　组合逻辑电路设计是其分析的逆过程，基本步骤如下：

　　(1) 逻辑抽象，就是将实际问题转变为逻辑命题。通过分析，确定输入与输出变量的个数，设定变量，并为其赋值。这里的赋值是指所设变量在何种情况下是 1，何种情况下是 0。

　　(2) 根据逻辑变量之间的关系，列出真值表。

　　(3) 通过真值表得到逻辑函数并化简。

　　(4) 画出逻辑电路图。

　　【例 14.3.1】　设计一个照明灯控制电路，要求实现的功能是：当电源总开关断开时，灯不亮；当电源总开关闭合时，安装在两个不同位置的开关均可以控制灯的状态。

　　解　(1) 逻辑抽象。

　　确定输入、输出变量的个数。由题可知，该系统有三个开关，一盏照明灯，说明有三个输入变量，一个输出变量。设定总开关为 S，两个分开关分别为 A、B。照明灯为 F。

　　状态赋值：用 0 表示总开关 S 的断开与照明灯 F 灭，用 1 表示 S 闭合与 F 亮。由于分开关 A、B 要在两地独立控制照明灯，因此 A、B 并无固定的断开或者闭合状态，所以假设 0 为 A、B 按至下方，1 为 A、B 按至上方。

　　(2) 列真值表。

　　根据题意，当 $S=0$ 时，$F=0$；当 $S=1$ 时，假设开关 A、B 最初都按至下方，即其初始状态为 00。开关 A、B 与照明灯 F 状态变化关系如图 14.3.1 所示，可知当 AB 同为 00 或 11 时，灯灭；当 AB 为 01 或者 10 时，灯亮。从而列出真值表如表 14.3.1 所示。

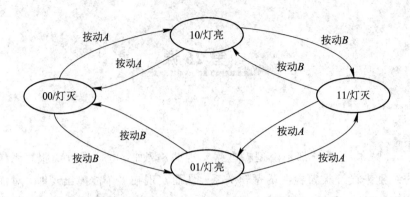

图 14.3.1　分开关按动与照明灯状态变化关系图

表 14.3.1　真　值　表

S	A	B	F
0	0	0	0
0	0	1	0
0	1	0	0
0	1	1	0
1	0	0	0
1	0	1	1
1	1	0	1
1	1	1	0

（3）由表 14.3.1 可以写出逻辑函数

$$F = S\bar{A}B + SA\bar{B}$$

该式是最简形式，无需化简。

（4）画出逻辑电路，如图 14.3.2 所示。

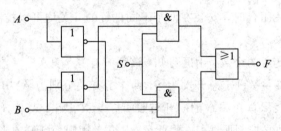

图 14.3.2　例 14.3.1 逻辑电路

【例 14.3.2】　设计某电厂的故障报警系统逻辑电路。根据故障的严重程度设置四个级别，每级故障都由对应 LED 灯提示。为了优先响应重大故障，要求：当几个故障同时被检测到时，只有最严重的故障被提示。

解　（1）逻辑抽象。设四个故障输入根据优先级从高到低分别为 A、B、C、D，即 A 的优先级最高，D 的最低。对应四个 LED 灯提示输出分别为 L_1、L_2、L_3、L_4。当检出故障时，输入为 1，否则为 0；对应 LED 灯点亮为 1，进行提示，否则为 0。

（2）根据设计要求，列出真值表，如表 14.3.2 所示。表中×表示输入为"0"或"1"均可。

表 14.3.2　真　值　表

A	B	C	D	L_1	L_2	L_3	L_4
1	×	×	×	1	0	0	0
0	1	×	×	0	1	0	0
0	0	1	×	0	0	1	0
0	0	0	1	0	0	0	1

（3）由表 14.3.2，易得

$$L_1 = A$$
$$L_2 = \overline{A}B$$
$$L_3 = \overline{A}\,\overline{B}C$$
$$L_4 = \overline{A}\,\overline{B}\,\overline{C}D$$

（4）逻辑电路如图 14.3.3 所示。

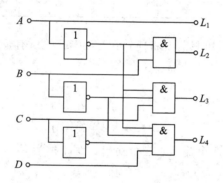

图 14.3.3　例 14.3.2 逻辑电路

14.4　编　码　器

编码是指用文字、符号或者数字表示特定对象的过程，用来实现编码的电路称为编码器。

在日常生活中经常会碰到编码问题，如学生的学号、宿舍号码都是按照特定规则生成的一系列编码。在数字电路中是用二进制数字进行编码的，即二进制编码。

因为一位二进制数有"0"与"1"两种状态，所以 n 位二进制数有 2^n 种状态。编码就是可以对不多于 2^n 种信息进行人为的数值指定，给每个信息指定一个特定的 n 位二进制数。

例如三位二进制有八种状态，可以指定它们表示 0～7 这八个数，也可以指定它们代表八种信息。对于二进制编码，最常见的编码规则是按照自然二进制数编码，即用二进制数表示其他进制数。

【**例 14.4.1**】　设计编码电路，实现对 0～7 这八个数进行自然二进制数编码。

解　（1）逻辑抽象，八个数（$2^n = 8$，$n = 3$）可以用三位二进制数进行编码，即该电路有

八个输入变量 $I_0 \sim I_7$，三个输出变量 A、B、C。

（2）设编码器在同一时刻只能对一个输入信号进行编码。也就是说，同一时刻不允许两个或两个以上的信号同时出现，在本例中采用输入为高电平有效。其真值表如表 14.4.1 所示，表中只列出了输入变量有效的八种组合。

表 14.4.1　8 - 3 编码器真值表

输　　　　　入								输　　出		
I_7	I_6	I_5	I_4	I_3	I_2	I_1	I_0	A	B	C
0	0	0	0	0	0	0	1	0	0	0
0	0	0	0	0	0	1	0	0	0	1
0	0	0	0	0	1	0	0	0	1	0
0	0	0	0	1	0	0	0	0	1	1
0	0	0	1	0	0	0	0	1	0	0
0	0	1	0	0	0	0	0	1	0	1
0	1	0	0	0	0	0	0	1	1	0
1	0	0	0	0	0	0	0	1	1	1

由于输入互相排斥，所以只需要将使输出值为"1"的所有输入变量作"或"运算就可以了，即

$$A = I_4 + I_5 + I_6 + I_7$$
$$B = I_2 + I_3 + I_6 + I_7$$
$$C = I_1 + I_3 + I_5 + I_7$$

由于这样的编码器有八个输入、三个输出，因此称为 8 - 3 编码器，其逻辑电路如图 14.4.1 所示。

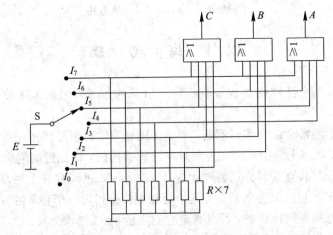

图 14.4.1　8 - 3 编码器逻辑电路

由图 14.4.1 可以看出，S 处于不同位置时，表示不同的自然数。如 S 与 I_5 接通，此时 I_5 输入为高电平，其余均为低电平，输出 A、B、C 为 101，这样的编码器称为高电平选通的编码器。这种编码器要求一次只能有一个输入被选通，一旦同时选通两个或两个以上，就

会出现编码错误。如 I_5 和 I_6 同时与 S 接通，输出 A、B、C 为 111，显然这样的编码输出是不正确的。

　　实际中，广泛使用的是优先编码器。所谓优先编码器是指编码器的输入存在优先级别，在编码时，如果几个编码输入同时选通，则只对优先级高的输入进行编码。8 - 3 优先编码器的典型芯片为 74LS148。

专题探讨

第 26 课

【专 14.3】　设计三位二进制编码器，要求编码器输入端是低电平有效，即 S 所处的位置为低电平，其余输入端为高电平。外部电路如图 1 所示，设计编码器内部逻辑电路。

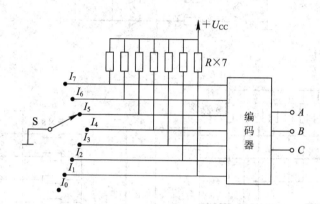

图 1　专 14.3 的电路

三题练习

【练 14.4】　设计一个选通电路。要求有两路数据信号，一个选通信号。根据选通信号"0""1"的不同，选择不同的数据信号输出。

【练 14.5】　设计三变量表决器，要求少数服从多数，其中一人具有否决权。

【练 14.6】　设计交通灯故障报警电路。一旦有故障，发光报警。（设计思路：交通灯在同一时刻有且只有一盏是亮的。）

第 27 课

导学导课

　　第 26 课所讲的编码器是用二进制代码表示特定含义的器件，而能把一组二进制代码的特定含义翻译出来的过程称为译码，用来完成这个功能的器件称为译码器。例如，某医院的八个病床呼叫系统，其逻辑电路如图 14.5.0(a) 所示，当某病床按下呼叫按键，护士工作室会有发光二极管提示。从这个电路可以看出，随着病床的增多，连接线会随之增多。在实际中，由于所有病床并非集中在一起，因此在病床较多的情况下，这样连线会非常麻烦，出了故障也不易排查。

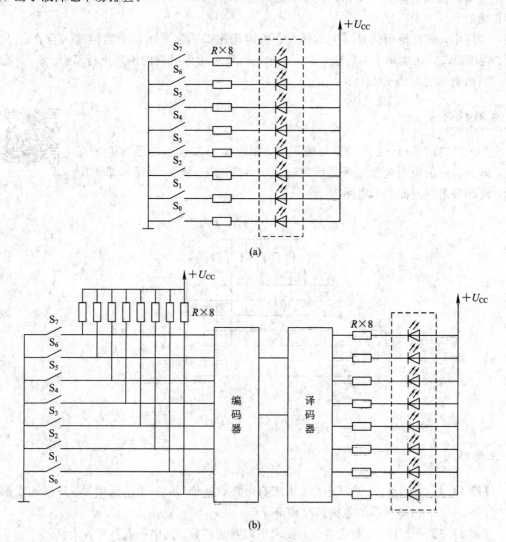

(a)

(b)

图 14.5.0 病房呼叫系统逻辑电路

一般实际的呼叫系统会在信号输入端进行编码，由编码器的知识可知，编码的位数 n 与输入信息 N 的个数存在 $2^n = N$ 的关系。编码后可以使传输线的个数减少，到了护士工作室，再通过译码电路将信息翻译出来，使得护士可以准确地知道是哪个病床的呼叫。如图 14.5.0(b)所示，在电路的两端分别设置编码器与译码器，可将八根传输线减少为三根，因此在成本与可靠性上是有优势的。本次课将对译码器进行阐述。

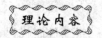

14.5 译 码 器

常用译码器有两大类，一种是变量译码器，主要是将代码的原意"翻译"出来，当某个编码出现在输入端时，相应的译码线输出某一特定电平，其他的译码线则保持与之相反的电平。另一种是显示译码器，主要是根据显示器件的要求，在输入端输入将要显示信息的编码，输出端可以显示对应的字形。由于译码器在数字电路中应用非常普遍，本次课主要讲解两个典型的集成译码器：3－8 译码器 74LS138 与七段数码管显示译码器 74LS247。不再关注芯片内部有哪些门电路，而将重点放在集成芯片输入与输出关系以及其应用上。

14.5.1　3－8译码器

3－8 译码器有三个输入端、八个输出端，可以对三位二进制编码进行译码。74LS138是最常见的 3－8 译码器，图 14.5.1 是其逻辑符号。

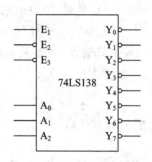

图 14.5.1　74LS138 逻辑符号

表 14.5.1 给出了 74LS138 的输入/输出关系。由表可以看出，该芯片除了常规的三个输入、八个输出以外，还有三个特殊的输入，用于控制芯片是否工作，称为使能端。

表 14.5.1　74LS138 功能表

输　入					输　出							
使　能　端		编码信息										
E_1	$E_2 + E_3$	A_2	A_1	A_0	Y_0	Y_1	Y_2	Y_3	Y_4	Y_5	Y_6	Y_7
0	×	×	×	×	1	1	1	1	1	1	1	1
×	1	×	×	×	1	1	1	1	1	1	1	1
1	0	0	0	0	0	1	1	1	1	1	1	1
1	0	0	0	1	1	0	1	1	1	1	1	1
1	0	0	1	0	1	1	0	1	1	1	1	1
1	0	0	1	1	1	1	1	0	1	1	1	1
1	0	1	0	0	1	1	1	1	0	1	1	1
1	0	1	0	1	1	1	1	1	1	0	1	1
1	0	1	1	0	1	1	1	1	1	1	0	1
1	0	1	1	1	1	1	1	1	1	1	1	0

1. 芯片功能

(1) 当 $E_1 = 0$ 或 $E_2 = 1$ 或 $E_3 = 1$，该芯片不工作，输出全部为高电平。

(2) 当 $E_1 = 1$ 且 $E_2 = E_3 = 0$，芯片正常工作。

（3）译码器输入的是三位二进制数，当某个编码出现在输入端时，相应的译码线输出低电平，其他均输出高电平。这样的电路称为低电平有效的八位译码器。

由功能表可以得到 74LS138 的输入/输出逻辑关系如下：

$$Y_0 = \overline{\overline{A_2}\overline{A_1}\overline{A_0}}, \quad Y_1 = \overline{\overline{A_2}\overline{A_1}A_0}, \quad Y_2 = \overline{\overline{A_2}A_1\overline{A_0}}, \quad Y_3 = \overline{\overline{A_2}A_1A_0}$$

$$Y_4 = \overline{A_2\overline{A_1}\overline{A_0}}, \quad Y_5 = \overline{A_2\overline{A_1}A_0}, \quad Y_6 = \overline{A_2A_1\overline{A_0}}, \quad Y_7 = \overline{A_2A_1A_0}$$

介绍一个概念——最小项。所谓最小项是指一个相"与"的项，该项中包含所有的逻辑变量，而每个变量以原变量或者是反变量的形式只出现一次。

由最小项相"或"而成的表达式称为最小项标准式。显然任何一个逻辑函数都可以通过真值表直接获得其最小项标准式。

例如，输入变量为 A、B、C，则 $F=C$ 的最小项标准式可写为

$$F = (\overline{A}\overline{B} + \overline{A}B + A\overline{B} + AB)C = \overline{A}\overline{B}C + \overline{A}BC + A\overline{B}C + ABC$$

当 74LS138 正常工作时，可以看出其输入/输出关系具有的特点是：八个输出 $Y_0 \sim Y_7$ 对应的刚好是三个输入 A_2、A_1、A_0 对应最小项的取反。

2. 译码器的应用

通过对 74LS138 译码器的功能分析，可知用一片 74LS138 可以实现任何一个三变量逻辑函数。

【例 14.5.1】 试用 74LS138 设计三变量多数表决器。

解 假设三个输入变量为 A、B、C，表决结果为 F，三变量多数表决器的真值表如表 14.5.2 所示。

表 14.5.2　真　值　表

A	B	C	F
0	0	0	0
0	0	1	0
0	1	0	0
0	1	1	1
1	0	0	0
1	0	1	1
1	1	0	1
1	1	1	1

① 由真值表，可得输出函数

$$F = \overline{A}BC + A\overline{B}C + AB\overline{C} + ABC$$

② 由于 74LS138 的输出函数为输入对应最小项的取反，因此将上式变为

$$F = \overline{\overline{A}BC \cdot \overline{A}\overline{B}C \cdot \overline{AB\overline{C}} \cdot \overline{ABC}}$$

③ 选择编码输入 $A_2A_1A_0 = ABC$，对照三变量表决器的输出函数与 74LS138 的输出函数，可得

$$F = \overline{Y_3 \cdot Y_5 \cdot Y_6 \cdot Y_7}$$

逻辑电路如图 14.5.2 所示，由此可知，通过 74LS138 与少量逻辑门电路，即可实现任意三变量逻辑函数，在一定程度上简化了电路。

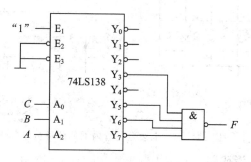

图 14.5.2 例 14.5.1 逻辑电路

3-8 译码器完成任何逻辑函数的步骤如下：

（1）通过真值表将逻辑函数转化为最小项标准式。

（2）将最小项标准式的与或逻辑转变为与非逻辑。

（3）选择输入变量，一般按照真值表中输入变量的顺序选择。

（4）将对应最小项的输出端连接至"与非门"的输入端，"与非门"输出端对应的即是逻辑函数的输出变量。

使用 74LS138 译码器完成任意适用于三输入变量的逻辑函数，对输出变量个数没有要求。如果输入变量超过三个，则必须将 74LS138 扩展为多片才能使用。

14.5.2 七段数码管显示译码器

1. 七段数码管

在数字仪表、计算机等数字系统中，经常需要将测量的数据及运算结果显示出来，而七段数码管是常见的显示器件。该器件由七个发光二极管组成，这七个发光二极管组成了数字"8"的全部字段。有时会增加一个发光二极管以显示小数点"·"，又称为八段数码管，其字形如图 14.5.3 所示，通过选择不同的字段发光可以显示出不同的数字。

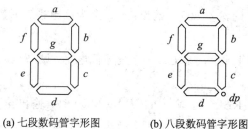

(a) 七段数码管字形图   (b) 八段数码管字形图

图 14.5.3 数码管字形图

如图 14.5.4 所示，七段数码管内部有两种接法：共阴极接法与共阳极接法。共阴极接法是指将所有发光二极管的阴极连到一起作为公共端（COM 端），使用时 COM 端接低电平。当某个字段输入高电平时，该字段发光。共阳极接法正好相反，是将所有发光二极管的阳极连到一起，使用时 COM 端接高电平。当某个字段输入低电平时，该字段发光。需要注意的是，在使用七段数码管时，需要在各输入端接限流电阻，常用阻值为 $680\ \Omega\sim1\ k\Omega$。

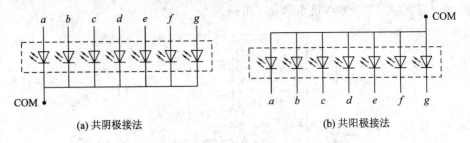

(a) 共阴极接法　　　　　　　　　　　　(b) 共阳极接法

图 14.5.4　七段数码管内部的两种接法

2. 七段数码管显示译码器

由于七段数码管显示是利用某几个发光二极管发光或者熄灭完成的，而数字电路中将要显示的信息是二进制编码，因此需要在电路与数码管之间设置译码电路，将二进制编码转换为数码管适合显示的信息。

74LS247 是一款常见的数码管显示译码芯片，功能是将 8421BCD 码翻译成对应于数码管的七个字段信息。8421BCD 码是指用二进制数表示十进制数的一种编码方式，简单来说，是在二进制数与十进制数转换的数码中取了前十种，用来表示 0～9 这十个数码，如表 14.5.3 所示。74LS247 的逻辑符号如图 14.5.5 所示。

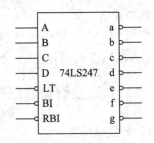

图 14.5.5　74LS247 逻辑符号

该芯片有四个输入 A、B、C、D，其中 D 是高位，A 是低位，用来输入 8421BCD 码。七个输出 a、b、c、d、e、f、g，用来输出译码值。74LS247 功能如表 14.5.3 所示，该芯片输出为低电平有效，使用的是共阳极的七段数码管。如果使用的是共阴极的数码管，还需要在输出端接非门。

从表 14.5.3 可知，除了常规的四个输入，七个输出，还有三个控制信号。这三个控制信号的使用方法如下：

（1）当 BI＝0 时，无论输入如何，输出 $a\sim g$ 全为高电平，则数码管熄灭。BI 用于数码管选通。

（2）当 BI＝1 时，若 LT＝0，输出 $a\sim g$ 全为低电平，则数码管显示 8。LT 用来测试数码管是否损坏。

（3）当 BI＝LT＝1，RBI＝0，输入 $DCBA$＝0000 时，输出全为高电平，数码管熄灭，主要用来熄灭无效的前零与后零。比如计算结果是 03.20 时，前后两个 0 都不需要显示，这时可以使用 RBI＝0 使之熄灭。

当 BI＝LT＝1，RBI＝1，输入 $DCBA$＝0000 时，数码管显示为"0"。而 $DCBA$ 输入除了 0000 以外的其他 8421BCD 码时，RBI 的取值不影响输出。

（4）当 BI ＝ LT ＝1 时，正常译码。

表 14.5.3　74LS247 功能表

功能/十进制数	输入							输出							显示
	BI	LT	RBI	D	C	B	A	a	b	c	d	e	f	g	
灭灯	0	×	×	×	×	×	×	1	1	1	1	1	1	1	熄灭
试灯	1	0	×	×	×	×	×	0	0	0	0	0	0	0	8
灭0	1	1	0	0	0	0	0	1	1	1	1	1	1	1	0 熄灭
0	1	1	1	0	0	0	0	0	0	0	0	0	0	1	0
1	1	1	×	0	0	0	1	1	0	0	1	1	1	1	1
2	1	1	×	0	0	1	0	0	0	1	0	0	1	0	2
3	1	1	×	0	0	1	1	0	0	0	0	1	1	0	3
4	1	1	×	0	1	0	0	1	0	0	1	1	0	0	4
5	1	1	×	0	1	0	1	0	1	0	0	1	0	0	5
6	1	1	×	0	1	1	0	1	1	0	0	0	0	0	6
7	1	1	×	0	1	1	1	0	0	0	1	1	1	1	7
8	1	1	×	1	0	0	0	0	0	0	0	0	0	0	8
9	1	1	×	1	0	0	1	0	0	0	0	1	0	0	9

§专题探讨§

【专 14.4】　电路如图 1 所示。其中 74LS139 为 2-4 译码器，内部集成两个，只用了其中一个，七段数码管是共阳极接法，分析电路的功能。

第 27 课

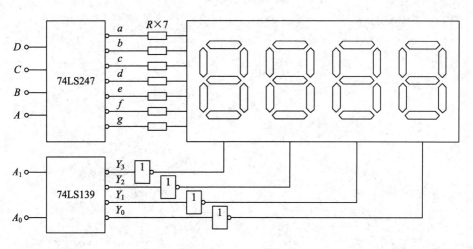

图 1　专 14.4 的电路

§三题练习§

【练 14.7】　试用 74LS138 设计练 14.5。

【练 14.8】　试用 74LS138 设计练 14.6。

【练 14.9】 电路如图 2 所示，分析其电路功能。提示：根据 74LS138 使能分析。

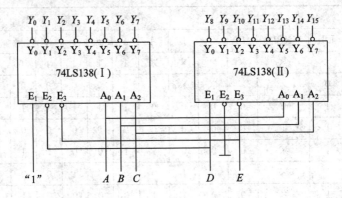

图 2　练 14.9 的电路

《项目应用》

　　试用 74LS138 设计由八个发光二极管组成的流水灯，并说明输入要求。(设计思路：由于发光二极管具有单向导向性，因此只需要在阳极接高电平，阴极接低电平，发光二极管就会发光)

模 块  15

时序逻辑电路

　　由模块 14 可知，组合逻辑电路的输出完全由当前输入决定，不具备记忆功能。但是在数字系统中，为了能按一定程序进行运算，需要具有记忆功能的器件将之前的信号或者是结果保存下来，这种含有记忆元件的电路称为时序逻辑电路。其特点是输出状态不仅与当前的输入有关，还与之前的状态有关。

能力要素

　　(1) 掌握各种触发器的功能。
　　(2) 能够应用触发器组成寄存器。
　　(3) 能够应用 74LS161 设计任意进制的计数器。
　　(4) 能够应用 555 定时器产生延时与时钟信号。

知识结构

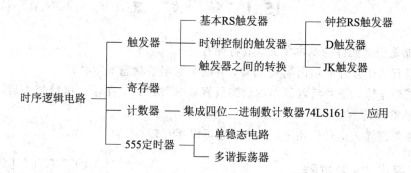

实践衔接

　　(1) 调研集成 D 触发器与 JK 触发器，了解其型号、引脚和作用。
　　(2) 调研 74LS161 和任意 555 定时器，了解其引脚和作用。
　　(3) 完成本模块的项目应用。

第 28 课

导学导课

计算机的 CPU 需要与不同外部设备进行信息交换。由于 CPU 的处理速度非常快，而外设的处理速度相对较慢，因此在二者之间需要加入具有记忆功能的器件。该器件可以把 CPU 要传送的信息暂存供外设取用，而 CPU 将信息传送给该器件之后，就可以与其他外设进行交互。这种具备记忆功能的器件称为寄存器，内部由触发器组成。本次课将对触发器的原理与寄存器的组成进行介绍。

理论内容

与组合逻辑电路不同，时序逻辑电路在其基础上，增加了具有记忆功能的存储电路与必要的反馈电路。时序逻辑电路的一般结构如图 15.1.0 所示。

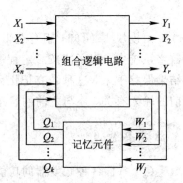

图 15.1.0　时序逻辑电路结构图

由图 15.1.0 可知，时序逻辑电路的输出变量集合 Y 不仅与输入变量集合 X 有关，还与记忆元件的输出变量集合 Q 有关。显然记忆元件的输出会随着时刻的变化而变化，时序逻辑电路就是通过记忆元件的不同状态记忆以前电路的状态，因此时序逻辑电路的重点在于相邻两个记忆元件状态之间的关系。用 Q^n 表示在外部信号作用下记忆元件当前的输出状态，称为现态，用 Q^{n+1} 表示记忆元件下一时刻的输出状态，称为次态。

15.1　触　发　器

触发器是记忆元件的基本单元，其特征有：

（1）具有两个互补的输出端 Q 与 $\bar{Q}$，有两个稳定的状态"0"与"1"。

（2）能根据输入信号将触发器的状态设置成"0"或"1"，在输入信号消失后，被设置的"0"或"1"能够保持不变。

（3）在外部输入信号作用下，两个状态可以相互转换。

15.1.1　基本 RS 触发器

基本 RS 触发器由两个与非门或者或非门交叉连接而成，其结构如图 15.1.1 所示。

由图可以看出，在该触发器中，$\bar{S}_D$ 与 $\bar{R}_D$ 为输入端，而 Q 与 $\bar{Q}$ 是两个逻辑相反的输出端。其功能分析如下：

（1）$\bar{R}_D = 0$，$\bar{S}_D = 1$。

当 $\bar{R}_D = 0$ 时，G_2 输出为"1"，即 $\bar{Q} = 1$，该信号反馈至 G_1

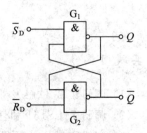

图 15.1.1　与非门组成的
基本 RS 触发器

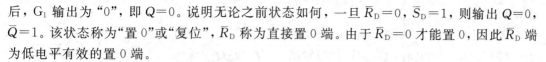

后，G_1 输出为 "0"，即 $Q=0$。说明无论之前状态如何，一旦 $\bar{R}_D=0$，$\bar{S}_D=1$，则输出 $Q=0$，$\bar{Q}=1$。该状态称为 "置 0" 或 "复位"，$\bar{R}_D$ 称为直接置 0 端。由于 $\bar{R}_D=0$ 才能置 0，因此 $\bar{R}_D$ 端为低电平有效的置 0 端。

（2）$\bar{R}_D=1$，$\bar{S}_D=0$。

同理可知，无论之前的状态如何，一旦 $\bar{R}_D=1$，$\bar{S}_D=0$，则输出 $Q=1$，$\bar{Q}=0$。该状态称为 "置 1" 或 "置位"，$\bar{S}_D$ 称为直接置 1 端。$\bar{S}_D$ 端也是低电平有效。

（3）$\bar{R}_D=\bar{S}_D=1$。

这时需要 G_1、G_2 的反馈才能推断出最终的输出状态，即通过假设 Q^n 的状态推导 Q^{n+1}。

设 $Q^n=0$，$\bar{Q}^n=1$，这两个信号即刻反馈至 G_1、G_2，即下一状态 $Q^{n+1}=0$，$\bar{Q}^{n+1}=1$。

设 $Q^n=1$，$\bar{Q}^n=0$，同理可知，下一状态 $Q^{n+1}=1$，$\bar{Q}^{n+1}=0$。

综上可得，$Q^{n+1}=Q^n$，即下一状态延续了之前的状态，称为 "保持"，即记忆功能。

（4）$\bar{R}_D=\bar{S}_D=0$。

当 $\bar{R}_D=\bar{S}_D=0$ 时，G_1、G_2 的输入均为 0，会出现 $Q=\bar{Q}=1$，从而无法达到触发器的触发要求，因此这种状态是禁止出现的。

表 15.1.1 给出了与非门组成的基本 RS 触发器的状态表。而由或非门组成的基本 RS 触发器，请读者自行思考。

表 15.1.1　与非门组成的基本 RS 触发器的状态表

$\bar{S}_D$	$\bar{R}_D$	Q^n	Q^{n+1}	功能
1	1	0 1	0 1 $\Big\}Q^n$	保持
1	0	0 1	0 0 $\Big\}0$	置 0
0	1	0 1	1 1 $\Big\}1$	置 1
0	0	0 1	× × $\Big\}×$	禁用

15.1.2　钟控 RS 触发器

基本 RS 触发器具有直接置 0、置 1、保持功能，但是当 $\bar{R}_D$、$\bar{S}_D$ 的输入信号发生变化，触发器的状态就会立刻改变。在实际使用中，通常要求触发器能够按照一定的时间节拍动作。这就要求触发器的变化受时钟脉冲 CP 的控制，这样的触发器称为钟控 RS 触发器。

在基本 RS 触发器的基础上，加入两个 "与非门" 即可组成钟控 RS 触发器，如图 15.1.2 所示。G_3、G_4 组合与基本 RS 触发器结构基本一致，因此钟控 RS 触发器的分析将基于基本 RS 触发器进行。

当 CP=0 时，G_1 与 G_2 输出为 "1"。对于由 G_3 与 G_4 组成的基本 RS 触发器，输出为保持状态，即 $Q^{n+1}=Q^n$。

当 CP=1 时，输入 R 与 S 的变化会影响输出，其功能如下：

（1）当 $R=0$，$S=1$ 时，G_1、G_2 输出为 0、1，由表 15.1.1 可知它们处于 "置 1" 状态，

即 $Q=1$，$\bar{Q}=0$。

（2）当 $R=1$，$S=0$ 时，G_1、G_2 输出为 1、0，$Q=0$，$\bar{Q}=1$。

（3）当 $R=S=0$ 时，G_1、G_2 同时输出 1，$Q^{n+1}=Q^n$。

（4）当 $R=S=1$ 时，G_1、G_2 同时输出 0，这时出现了 $Q=\bar{Q}=1$ 的情况，这样的状态是禁止的。

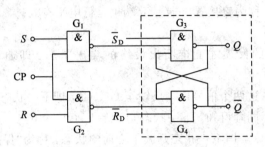

图 15.1.2 钟控 RS 触发器

钟控 RS 触发器的状态如表 15.1.2 所示。由分析可知，当 CP＝0 时，输出处于保持状态；当 CP＝1 时，输出 Q 可能随输入 R、S 的变化而变化，这样的触发方式称为高电平触发，反之，称为低电平触发。这种在时钟有效电平期间按其功能变化，无效电平期间处于保持状态的触发器，统称为电平触发的触发器。

表 15.1.2 钟控 RS 触发器状态表

CP	S	R	Q^n	Q^{n+1}	功能
0	×	×	0 1	0 1 $\Big\}Q^n$	保持
1	0	0	0 1	0 1 $\Big\}Q^n$	保持
1	0	1	0 1	0 0 $\Big\}0$	置 0
1	1	0	0 1	1 1 $\Big\}1$	置 1
1	1	1	0 1	× × $\Big\}×$	禁用

电路中，$\bar{R}_D$、$\bar{S}_D$ 两个输入端是直接置 0 端和直接置 1 端，不受 CP 脉冲控制，可以直接对后级的基本 RS 触发器进行置 0 或者置 1。这两个输入一般用于触发器初始状态设定，若不使用，则接高电平。

15.1.3 D 触发器

钟控 RS 触发器在 $RS=11$ 时为禁止状态，给使用者带来诸多不便。如果 RS 不出现相同取值，则可以避免这样的情况。如图 15.1.3 所示，将钟控 RS 触发器 G_1 的输出接至 G_2 的 R 端，原 S 端称作 D 端，这样的触发器称为 D 触发器。

当 CP＝0 时，触发器不工作，即 $Q^{n+1}=Q^n$。

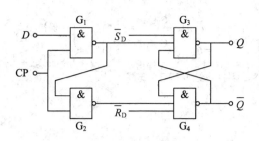

图 15.1.3　D 触发器

当 CP＝1 时，触发器功能如下：

(1) 当 $D=0$ 时，G_1、G_2 输出为 1、0，则 $Q=0$，$\bar{Q}=1$；

(2) 当 $D=1$ 时，G_1、G_2 输出为 0、1，则 $Q=1$，$\bar{Q}=0$。

由此可知，$Q^{n+1}=D$。则 D 触发器的状态如表 15.1.3 所示。

表 15.1.3　D 触发器状态表

CP	D	Q^n	Q^{n+1}	功能
0	×	0 1	0 1 $\Big\}Q^n$	保持
1	0	0 1	0 0 $\Big\}D$	置 0
1	1	0 1	1 1 $\Big\}D$	置 1

15.1.4　JK 触发器

进一步改进钟控 RS 触发器，以克服输入信号的约束。电路如图 15.1.4 所示，G_3 与 G_4 的输出端各自接反馈线至 G_2 与 G_1，组成了 JK 触发器。

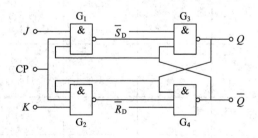

图 15.1.4　JK 触发器

如前所述，当 CP＝0 时，$Q^{n+1}=Q^n$，电路处于保持状态。当 CP＝1 时，所有的讨论依然基于基本 RS 触发器进行。

(1) 当 $J=K=0$ 时，G_1、G_2 同时输出 1，此时输出处于保持状态，$Q^{n+1}=Q^n$。

(2) 当 $J=0$，$K=1$ 时，G_1 输出为 1，G_2 的输出与其反馈电路有关，需要通过假设 Q^n 的状态推导 Q^{n+1}。图 15.1.5 分析了 Q^n 在不同取值时 Q^{n+1} 的状态，可知 $Q^{n+1}=0$。

(3) 当 $J=1$，$K=0$ 时，G_2 输出为 1，G_1 的输出与其反馈电路有关，同理，图 15.1.6 分析了 Q^n 在不同取值时 Q^{n+1} 的状态，可知 $Q^{n+1}=1$。

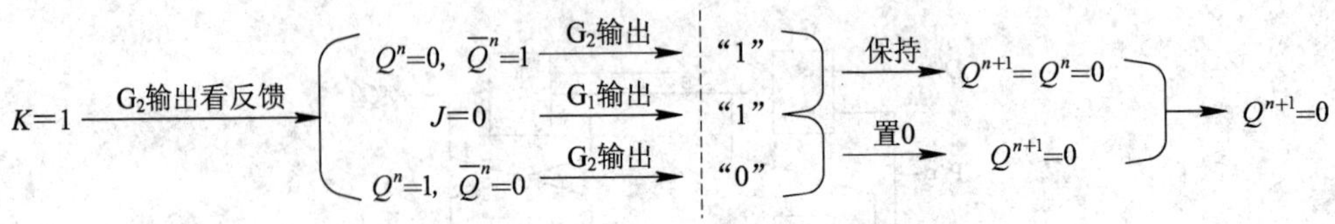

$$K=1 \xrightarrow{\text{G}_2\text{输出看反馈}} \begin{cases} Q^n=0,\ \overline{Q}^n=1 \xrightarrow{\text{G}_2\text{输出}} \text{"1"} \\ \qquad\quad J=0 \xrightarrow{\text{G}_1\text{输出}} \text{"1"} \\ Q^n=1,\ \overline{Q}^n=0 \xrightarrow{\text{G}_2\text{输出}} \text{"0"} \end{cases} \begin{cases} \xrightarrow{\text{保持}} Q^{n+1}=Q^n=0 \\ \xrightarrow{\text{置0}} Q^{n+1}=0 \end{cases} \xrightarrow{\quad} Q^{n+1}=0$$

图 15.1.5　$J=0$，$K=1$

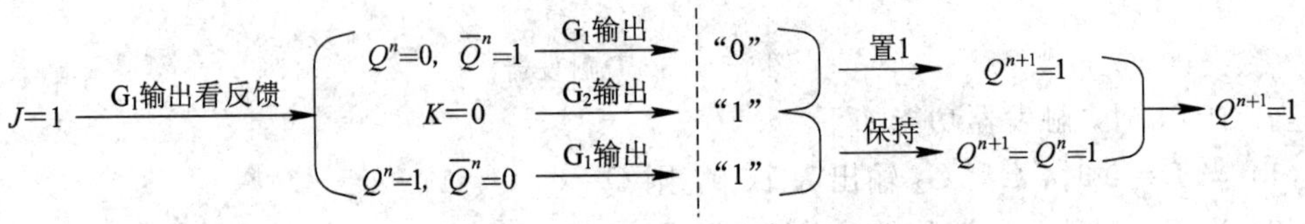

$$J=1 \xrightarrow{\text{G}_1\text{输出看反馈}} \begin{cases} Q^n=0,\ \overline{Q}^n=1 \xrightarrow{\text{G}_1\text{输出}} \text{"0"} \\ \qquad\quad K=0 \xrightarrow{\text{G}_2\text{输出}} \text{"1"} \\ Q^n=1,\ \overline{Q}^n=0 \xrightarrow{\text{G}_1\text{输出}} \text{"1"} \end{cases} \begin{cases} \xrightarrow{\text{置1}} Q^{n+1}=1 \\ \xrightarrow{\text{保持}} Q^{n+1}=Q^n=1 \end{cases} \xrightarrow{\quad} Q^{n+1}=1$$

图 15.1.6　$J=1$，$K=0$

（4）当 $J=K=1$ 时，这时 G_1、G_2 的输出都与反馈电路有关。由图 15.1.7 可知 $Q^{n+1}=\overline{Q}^n$。

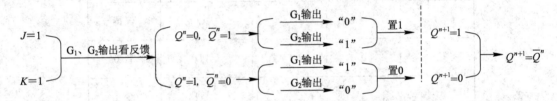

图 15.1.7　$J=K=1$

综上，JK 触发器的状态如表 15.1.4 所示。

表 15.1.4　JK 触发器状态表

CP	J	K	Q^n	Q^{n+1}	功能
0	×	×	0 1	$\left.\begin{array}{c}0\\1\end{array}\right\}Q^n$	保持
1	0	0	0 1	$\left.\begin{array}{c}0\\1\end{array}\right\}Q^n$	保持
1	0	1	0 1	$\left.\begin{array}{c}0\\0\end{array}\right\}0$	置 0
1	1	0	0 1	$\left.\begin{array}{c}1\\1\end{array}\right\}1$	置 1
1	1	1	0 1	$\left.\begin{array}{c}1\\0\end{array}\right\}\overline{Q}^n$	翻转

由表 15.1.4 可以看出，当 J、K 为前三种输入组合时，与钟控 RS 触发器的状态相同，因此可以用 JK 触发器来代替钟控 RS 触发器。

15.1.5　基本触发器存在的问题

以上所述的几种触发器能够实现记忆功能，满足时序系统的需要，但是由于电路简单，在使用时存在一些缺陷，因此会使触发器的功能遭到破坏。基本触发器存在的主要问题有空翻和振荡现象。

1. 空翻现象

在之前介绍的触发器中，均没有考虑在时钟脉冲有效期间，控制端的输入信号发生变化时的输出情况，下面以钟控 RS 触发器为例说明。如图 15.1.8 所示，设初始状态 $Q=0$。

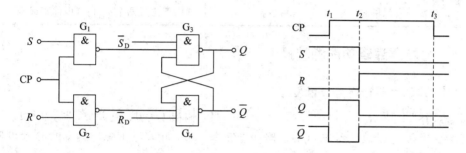

图 15.1.8　触发器的空翻现象

触发器的基本特征是，每来一个时钟脉冲，触发器最多翻转一次。如图 15.1.8 波形图所示，在 t_1 时刻，CP 变为高电平，这时 $R=0$，$S=1$，输出 $Q=1$，$\bar{Q}=0$；在 t_2 时刻，$R=1$，$S=0$，输出 $Q=0$，$\bar{Q}=1$，直到 t_3 时刻 CP 变为低电平，有效电平结束。显然，在 $t_1 \sim t_3$ 期间，输出 Q 发生了两次变化，这种在时钟有效电平期间，输出多次翻转的现象称为空翻。同理，D 触发器与 JK 触发器都存在空翻现象。

2. 振荡现象

对于 JK 触发器，在时钟有效电平期内，当 $J=K=1$ 时，触发器在翻转之后，由于其输出会反馈至输入端，因此触发器马上又会出现翻转，从而导致输出无法进入稳定状态，这样的现象称为振荡。

为了解决"空翻"与"振荡"现象，可以将时钟脉冲 CP 电平触发改为边沿触发，即仅在 CP 的上升沿（0→1 跳变）或下降沿（1→0 跳变）时刻，触发器按其功能翻转，其余时刻均处于保持状态，这样的触发器称为边沿触发的触发器。

无论是电平触发还是边沿触发的触发器，一般常采用集成触发器。集成触发器常见的电路结构有维持阻塞触发器、边沿触发器、主从触发器。由于它们的内部逻辑情况比较复杂，因此不再展开讲解，使用者只需要掌握其输入/输出特性即可，集成触发器的功能与基本触发器完全一致。

集成触发器逻辑符号与之前所讲的触发器在 CP 端有一些不同：若 CP 端什么都不加，则表示高电平触发，加"。"表示低电平触发；CP 端加"＞"与"。"表示下降沿触发，只加"＞"不加"。"表示上升沿触发。表 15.1.5 给出了常用集成触发器的逻辑符号。为了使用户可以方便地设置触发器的初始状态，绝大多数触发器均设置有直接置 0 端 $\bar{R}_D$ 与直接置 1 端 $\bar{S}_D$，在逻辑符号中一般不画出。

表 15.1.5　常用集成触发器的逻辑符号

	基本 RS 触发器	钟控 RS 触发器	D 触发器	JK 触发器
逻辑符号	$\bar{S}_D$ —□S　Q○ $\bar{R}_D$ —□R　$\bar{Q}$	S —□1S　Q CP —□C1 R —□1R　$\bar{Q}$	D —□1D　Q CP —▷C1　$\bar{Q}$	J —□1J　Q CP —▷C1 K —□1K　$\bar{Q}$
备注	由与非门组成	高电平触发	上升沿触发	下降沿触发
常用型号	74HC279 (内部集成四个)	通常用 JK 触发器实现	74HC74 (内部集成两个)	74HC112 (内部集成两个)

15.1.6　触发器逻辑功能的转换

1. 将 JK 触发器转换为 D 触发器

如图 15.1.9 所示，当 $D=0$ 时，$J=0$，$K=1$，输出 $Q=0$。当 $D=1$ 时，$J=1$，$K=0$，输出 $Q=1$。可知 JK 触发器与 D 触发器功能完全一致，相当于下降沿触发的 D 触发器。

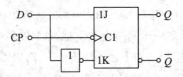

图 15.1.9　JK 触发器转换为 D 触发器

2. 将 JK 触发器转换为 T 触发器

如图 15.1.10 所示，将 J、K 端接在一起，称为 T 端。当 $T=0$ 时，$J=K=0$，在 CP 的下降沿，输出 $Q^{n+1}=Q^n$；当 $T=1$ 时，$J=K=1$，在 CP 的下降沿，输出 $Q^{n+1}=\bar{Q}^n$，这样的触发器称为 T 触发器。

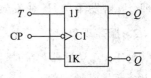

图 15.1.10　JK 触发器转换为
T 触发器

根据分析，可知 T 触发器的状态如表 15.1.6 所示。

表 15.1.6　T 触发器状态表

CP	T	Q^n	Q^{n+1}	功　能
0	×	0 1	0 1 $\Big\}Q^n$	保持
1	0	0 1	0 1 $\Big\}Q^n$	保持
1	1	0 1	1 0 $\Big\}\bar{Q}^n$	翻转

15.2　寄　存　器

寄存器是用来存储二进制代码的器件，主要由触发器和门电路组成。一个触发器只能寄存一位二进制数，因此在存储多位二进制数时，需要多个触发器。D 触发器有 $Q^{n+1}=D$，较适合构成寄存器。图 15.2.1 是一个四位数字寄存器。

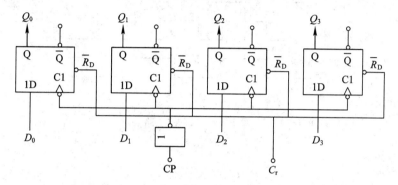

图 15.2.1　四位数字寄存器

由图可以看出，这个寄存器由四个下降沿触发的 D 触发器组成，C_r 端连到了所有 D 触发器的直接置 0 端 $\overline{R}_D$ 端，CP 通过"非门"分别接到了所有 D 触发器的 C1 端。$D_0 \sim D_3$ 为数据输入端，$Q_0 \sim Q_3$ 为寄存器的输出端。

当 C_r 接低电平时，无论其他输入是什么，输出均置 0，因此正常使用时 C_r 接高电平。在 CP 上升沿，数据 $D_0 \sim D_3$ 并行进入寄存器，并在 $Q_0 \sim Q_3$ 端输出；CP 的上升沿消失后，该数据一直保持在输出端，直到下一个上升沿到来，才进行新一轮的数据采集与存储。

§专题探讨§

【专 15.1】　电路如图 1 所示，根据输入波形绘制对应的输出波形，分析两个电路的区别。

第 28 课

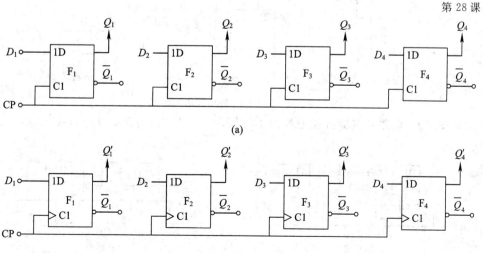

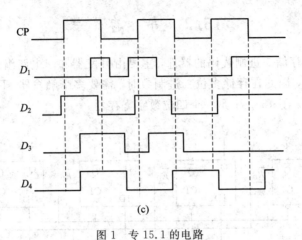

(c)

图 1　专 15.1 的电路

【三题练习】

【练 15.1】　电路如图 2 所示，分析其功能。

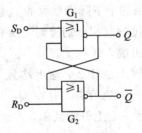

图 2　练 15.1 的电路

【练 15.2】　电路如图 3(a)所示，根据图 3(b)中的 CP 波形绘制对应的输出波形。设其初始状态均为 0。

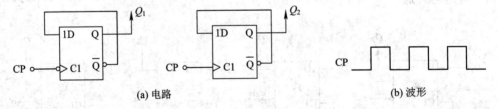

(a) 电路　　　　　　　　　　　　　　　　　　(b) 波形

图 3　练 15.2 的电路及其输入波形

【练 15.3】　电路及其输入波形如图 4 所示，绘制其输出波形，设初始状态均为 0。

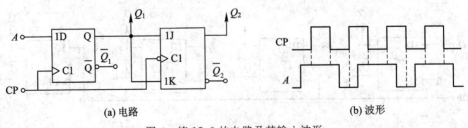

(a) 电路　　　　　　　　　　　　　　　　　　(b) 波形

图 4　练 15.3 的电路及其输入波形

第 29 课

导学导课

　　计数器是数字系统中广泛使用的基本时序部件之一，用来累计和寄存输入脉冲的个数。例如模块 12 中给出的图书馆人流量统计系统，通过光电传感器将读者进出图书馆的状态转化为数字信号，然后通过计数器进行计数，实现每进入一人，累加一次。

　　计数器还常应用于计时系统中，可以对某个频率的时钟脉冲进行计数，从而实现精准的定时。

　　本次课主要讲解计数器，重点依然是集成计数器的功能与使用，不对计数器内部结构做多过的讨论。

理论内容

15.3　计　数　器

　　计数器种类繁多，分类方法各异。按照进位模数（进位模数指计数器所经历的独立状态的总数，即进制数），可分为模二计数器（2^n）与非模二计数器；按照计数增减趋势，又可分为加法计数器、减法计数器以及兼具加减法两种功能的可逆计数器；按照计数脉冲的输入方式，还可分为同步计数器和异步计数器。

15.3.1　计数器的组成

　　二进制数只有"0"与"1"两个数码，二进制加法计数器遵照"逢二进一"的运算规则，即 $1+1=10$，也就是在结果为 2 的时候，本位归零，向高位进位。这里的加法和逻辑"或"是有区别的，一定要注意区分。触发器有"0"与"1"两种状态，因此利用一个触发器可完成一位二进制数的计数，若要实现 n 位二进制数计数，则需要 n 个触发器。

　　图 15.3.1 是由三个 JK 触发器组成的三位二进制计数器。如图 15.3.1(a) 所示，所有

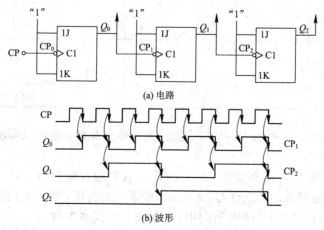

图 15.3.1　三位二进制计数器

JK 触发器的输入端 $JK=11$，而除了第一级以外其他每一级 JK 触发器的时钟脉冲都由上级触发器输出 Q 来提供。只有前级触发器输出 Q 为下降沿时，后级触发器才会翻转，否则保持不变。假设初始状态为 $Q_2Q_1Q_0=000$，由图 15.3.1(b) 可以看出 $Q_2Q_1Q_0$ 的输出在每一个 CP 下降沿变化一次，从 $000 \to 001 \to \cdots \to 110 \to 111$，这样的计数器又称为八进制计数器。实际中一般使用的是集成计数器。

15.3.2　集成四位二进制计数器 74LS161

74LS161 是一款四位二进制可预置计数器，其逻辑符号如图 15.3.2 所示，有惯用符号与新标准符号两种。在后面的描述中，统一用惯用符号进行绘图。此处不再分析其内部电路结构，直接给出功能。

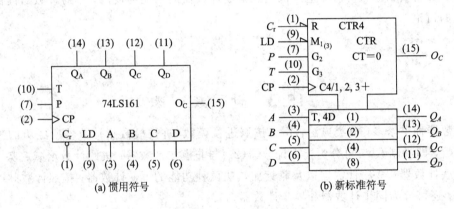

(a) 惯用符号　　　　　　　　　(b) 新标准符号

图 15.3.2　74LS161 逻辑符号

1. 逻辑功能

74LS161 的功能如表 15.3.1 所示。

表 15.3.1　74LS161 功能表

输　　入								输　　出				
CP	C_r	LD	P	T	D	C	B	A	Q_D	Q_C	Q_B	Q_A	O_C
×	0	×	×	×	×	×	×	×	0	0	0	0	进位输出
↑	1	0	×	×	d	c	b	a	d	c	b	a	
×	1	1	0	×	×	×	×	×	保持				
×	1	1	×	0	×	×	×	×					
↑	1	1	1	1	×	×	×	×	加法计数				

（1）清零。当清零控制端 $C_r=0$ 时，无论其他输入如何，输出立即清零，与 CP 无关，因此又称为异步清零。

（2）预置数。当 $C_r=1$，预置端 LD$=0$ 时，其置数输入端 D、C、B、A 预置数据 d、c、b、a，当 CP 上升沿到来，$Q_DQ_CQ_BQ_A=dcba$。需要注意的是，预置数的功能实现需要两个条件同时具备：LD$=0$ 且 CP 上升沿到来，因此又称为同步置数。

（3）保持。当 $C_r=$ LD $=1$，控制端 P 或者 T 任意一个输入为 0 时，计数器进入保持状态。该功能主要用于芯片扩展。

（4）计数。当 $C_r = \mathrm{LD} = P = T = 1$ 时，计数器为十六进制递增计数器。在时钟信号 CP 上升沿到来时，计数器按自然二进制数序列递增计数，即 $Q_D Q_C Q_B Q_A$ 按照 $0000 \rightarrow 0001 \rightarrow \cdots \rightarrow 1111$ 的顺序计数。当 $Q_D Q_C Q_B Q_A = 1111$ 且 $P = 1$ 时，进位输出端 O_C 输出时长为一个 CP 周期的正脉冲。

2. 应用

可以通过改接集成计数器 74LS161 实现十六进制以内的任意进制计数，具体改接的方法有以下两种：

（1）反馈归零法。

由于 74LS161 具有清零的功能，因此可以利用其清零控制端 $C_r = 0$，电路即刻清零的功能设计任意进制计数器。

【例 15.3.1】　试用 74LS161 的异步清零端设计十进制计数器。

解　既然需要用到清零端，那么计数器一定是从 0000 开始计数的。作为十进制计数器，其计数状态应该是 $0000 \rightarrow 0001 \rightarrow 0010 \rightarrow 0011 \rightarrow 0100 \rightarrow 0101 \rightarrow 0110 \rightarrow 0111 \rightarrow 1000 \rightarrow 1001$ 这十个状态，即 1001 这个状态结束后回到 0000。

在 1001 计数完成，进入 1010 时，将 $\overline{Q_D Q_B}$ 的输出反馈到 C_r 端，即计数器输出 $Q_D Q_C Q_B Q_A = 1010$ 时，$C_r = 0$，其输出即刻为 0000，而 1010 这个状态转瞬即逝，无法保持，使得十进制计数器得到实现。1010 这个无法保持的计数状态，称为过渡态。电路如图 15.3.3 所示。

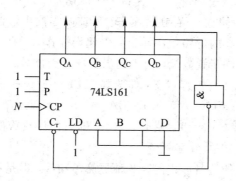

图 15.3.3　例 15.3.1 的电路

由本例可知，利用反馈归零法完成 N 进制计数时，计数状态为 $N+1$ 个，多余的一个状态是过渡态。计数从 $0000 \rightarrow \cdots \rightarrow N-1 \rightarrow N$（过渡态），在过渡态时利用逻辑电路使得 $C_r = 0$，强迫计数器输出清零。该逻辑电路是唯一可以使计数器清零的电路，其余时刻该电路都会使 $C_r = 1$。

（2）同步置数法。

74LS161 还有预置数的功能，令预置端 $\mathrm{LD} = 0$，并在输入端预置初值，即可实现任意进制计数。

【例 15.3.2】　试用 74LS161 的同步置数端设计十进制计数器。

解　74LS161 具有 D、C、B、A 四个预置输入。当 $\mathrm{LD} = 0$，在 CP 的上升沿到来时，$Q_D Q_C Q_B Q_A$ 输出预置端输入的数值。由于可以预置数，因此计数器的计数状态在一定范围内可以任意选择。

首先选择从 0000 开始计数的十进制计数器，即预置端 $DCBA = 0000$，根据例15.3.1，计数状态是 $0000 \rightarrow 0001 \rightarrow \cdots \rightarrow 1001$ 共十个状态。在电路结构上，$LD = \overline{Q_D Q_A}$，即当计数器输出 $Q_D Q_C Q_B Q_A = 1001$ 时，$LD = 0$，由于此刻 CP 上升沿刚刚结束，因此 1001 这个状态会保持一个周期，直到下一次 CP 上升沿到来时，$Q_D Q_C Q_B Q_A = 0000$。电路如图 15.3.4(a)所示。

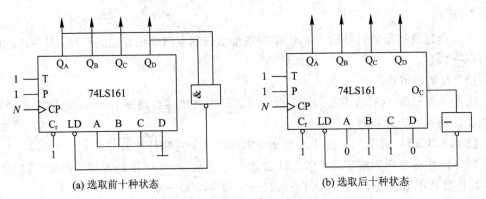

(a) 选取前十种状态 (b) 选取后十种状态

图 15.3.4 例 15.3.2 的电路

由本例可知，利用同步置数法设计 N 进制计数器时，计数状态为 N 个，若从 0000 开始，则在第 $N-1$ 个状态时使用唯一的逻辑形式使得 LD = 0。

与例 15.3.1 不同，LD = 0 的状态会保持一个周期，直到下一个 CP 上升沿到来才能对计数器置数，因此，同步置数法不存在过渡态。反馈归零法中过渡态的存在时间虽然非常短暂，但是对于要求比较高的电路，有可能会引起误操作，因此，在设计任意进制计数器时，如果集成计数器存在同步置数端，使用同步置数法更合适。

本例还可以选择任意十种连续状态，如选取 $0110 \rightarrow 0111 \rightarrow \cdots \rightarrow 1111$ 这后十个状态。这时第一个计数状态应该是"0110"，因此 $DCBA = 0110$。当计数到第十个脉冲时，$Q_D Q_C Q_B Q_A = 1111$，此时进位输出端 $O_C = 1$，使 $LD = \overline{O_C}$，即可使计数器重新从 0110 开始计数。电路如图 15.3.4(b)所示。

本例中，第二种方法的电路形式比第一种更简单一些，但是第二种方法在设计过程中需要对初值，即预置数进行计算。利用 74LS161 构成 N 进制计数器时，如果选取后 N 种状态，则其计数初值为 $16 - N$。

3. 扩展

若要实现超出十六进制的计数功能，则需要将若干片 74LS161 扩展使用。在扩展时，可以利用 P、T 两个引脚。当用两片 74LS161 时，输出变成了八位，即扩展成了八位二进制计数器。

扩展方法如图 15.3.5 所示，Ⅰ片为计数器的低位，Ⅱ片为计数器的高位，Ⅰ片的 O_C 与Ⅱ片的 P、T 相连，两片共用 CP。计数器计数条件是 $P = T = LD = C_r = 1$。这里只考虑 P、T 的情况，当Ⅰ片计数至 1111 时，O_C 输出为 1，此时 $T = P = 1$ 为Ⅱ片工作提供条件。在下一个 CP 上升沿到来时Ⅱ片计数一次，伴随Ⅰ片输出回到 0000，Ⅱ片的 $T = P = O_C = 0$ 使其输出继续保持，也就是说Ⅰ片从 $0000 \rightarrow 0001 \rightarrow \cdots \rightarrow 1111$ 完成一次计数循环，Ⅱ片计数一次。由此可知，两片 74LS161 扩展后可以完成 $0 \sim 255(2^8 - 1)$ 的计数。

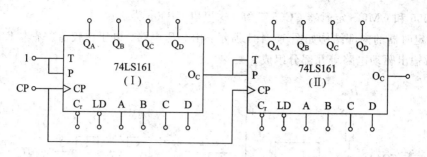

图 15.3.5 两片 74LS161 扩展

第 29 课

《专题探讨》

【专 15.2】 是否可以应用 74LS161 完成 60 s 的计时？如果可以，需要提供什么样的信号？

《三题练习》

【练 15.4】 试用 74LS161 设计一个八进制的计数器，要求初值为 0100。

【练 15.5】 三片 74LS161 可以扩展为计数范围是多少的计数器？是否可以完成 1000进制的计数？

【练 15.6】 试用 74LS161 完成 100 进制的计数。

《项目应用》

在图书馆人流量检测系统的入口处设计一个电路，要求进入 100 个人时，LED 发光提示。入场信号在电路中采用按键模拟。

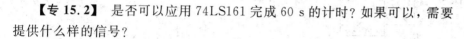

第 30 课

《导学导课》

在数字电路中经常要用到各种脉冲波形，比如时序逻辑电路就必须包含时钟脉冲信号。在实验中，这种信号可以由函数信号发生器提供，而在实际应用时，往往采用 555 定时器。

《理论内容》

15.4 555 定时器

15.4.1 基本原理

555 定时器是数字电路与模拟电路相结合的集成器件。常用的 555 定时器有 TTL 定时器 CB555 和 CMOS 定时器 CC7555 等。这里以 CB555 为例说明。

555 定时器的内部结构如图 15.4.1 所示，由分压电路、电压比较器、基本 RS 触发器、开关管及输出驱动电路等几部分组成。

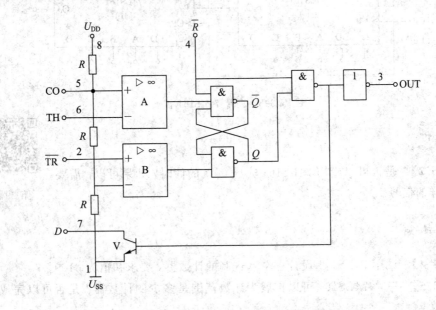

图 15.4.1　555 定时器的内部结构

（1）分压电路，由三个 5 kΩ 电阻组成，为后续两个电压比较器提供基准电压。

由图可知，若 CO 端悬空，则电压比较器 A 的基准电压为 $\frac{2}{3}U_{DD}$，而电压比较器 B 的基准电压为 $\frac{1}{3}U_{DD}$。如果 CO 端通过电阻接地，电压比较器 A、B 的基准电压会根据接入电阻的阻值发生变化。一般情况下 CO 端通过电容接地，滤除干扰。

（2）电压比较器，由两个结构完全相同的高精度电压比较器 A 与 B 组成。

电压比较器 A 的输入为 TH 端，当 $u_{TH} > \frac{2}{3}U_{DD}$ 时，其输出为逻辑"0"；否则为逻辑"1"。而电压比较器 B 的输入为 $\overline{TR}$ 端，当 $u_{\overline{TR}} > \frac{1}{3}U_{DD}$ 时，其输出为逻辑"1"；否则为逻辑"0"。两个电压比较器的输出电压决定后级基本 RS 触发器的动作。

（3）基本 RS 触发器，其输出状态影响 555 定时器的输出以及开关管 V 的导通与截止。

（4）开关管 V，由 NPN 型三极管组成，其状态由基本 RS 触发器的输出状态决定，基极电位为"0"时该管截止，为"1"时导通。

555 定时器的引脚排列如图 15.4.2 所示。

555 定时器的功能如表 15.4.1 所示，由功能表可以看出 $\overline{R}$ 为直接清零端，当 $\overline{R}=0$ 时，无论其他输入如何，输出为 0；当 $\overline{R}=1$ 时，定时器正常工作。

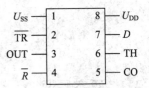

图 15.4.2　555 定时器引脚图

表 15.4.1 555 定时器功能表

输 入			输出及开关管	
u_{TH}	$u_{\overline{TR}}$	$\overline{R}$	OUT	V 管
$\times$	$\times$	0	0	导通
$>\dfrac{2}{3}U_{DD}$	$>\dfrac{1}{3}U_{DD}$	1	0	导通
$<\dfrac{2}{3}U_{DD}$	$>\dfrac{1}{3}U_{DD}$	1	保持	保持
$<\dfrac{2}{3}U_{DD}$	$<\dfrac{1}{3}U_{DD}$	1	1	截止

TH 与 $\overline{TR}$ 用来输入被比较信号，D 引脚连接开关管 V 的集电极，其发射极与 U_{SS} 相连。该三极管的基极为高电平时，D 引脚与地接通，否则断开。

由模块 3 可知，在含有电容 C 的电路中存在暂态过程，即电容的充放电。而规律的周期时钟信号可以通过 RC 电路中电容元件的充放电来形成。

如图 15.4.3 所示的 RC 串联电路，当时间常数 τ 远小于开关转换时间 T_s 时，能够得到尖脉冲；当 τ 远大于 T_s 时，能够得到矩形波。由此可知，在波形产生电路中需要两个因素：储能元件与开关。

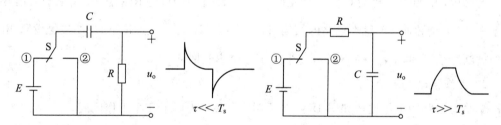

图 15.4.3 RC 串联电路及其输出波形

电路的暂态过程可用三要素法解，从而获得电压随时间变化的方程。三要素指初始值 $u(0_+)$、稳态值 $u(\infty)$ 和时间常数 τ，则

$$u(t) = u(\infty) + [u(0_+) - u(\infty)]e^{-\frac{t}{\tau}}$$

进而可得暂态过程的时间

$$t = \tau\ln\frac{u(\infty) - u(0_+)}{u(\infty) - u(t)}$$

555 定时器中，开关管 V 充当了开关的作用，在 555 定时器外部接入电阻、电容即可通过电容的充放电与开关的变换产生不同的波形。

使用 555 定时器构成电路时，$\overline{R}$ 引脚接高电平，U_{DD} 和 U_{SS} 分别接电源与地。在电压比较器参考电压不需要变动的情况下，基准电压控制端 CO 经电容接地，其电容值约为 $0.1\sim0.01~\mu F$，其他引脚根据要求连接。

15.4.2　单稳态电路

1. 电路结构

电路因受到外部脉冲触发，从稳态进入另一状态，而另一状态只能暂时保持(暂稳态)，经过一段时间后，又自动回到稳态。这样的电路只存在一个稳态，称为单稳态电路，其电路原理图如图 15.4.4 所示。

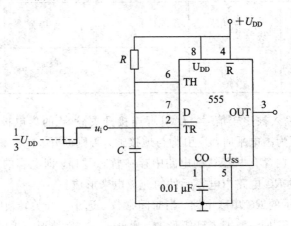

图 15.4.4　单稳态电路原理图

电路中，电阻 R 与电容 C 为外接定时元件，触发信号通过 $\overline{TR}$ 端输入，要求触发信号是小于 $\frac{1}{3}U_{DD}$ 的负脉冲。单稳态电路的结构可以总结为"76 搭一，上 R 下 C，2 接触发"，由运放的虚断特性可知，$U_{DD} \rightarrow R \rightarrow C \rightarrow U_{SS}$ 形成了一个串联回路。

2. 工作原理

单稳态电路的工作波形如图 15.4.5 所示，一共分为以下几个工作区间。

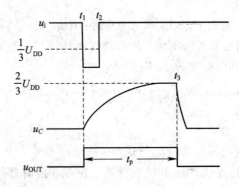

图 15.4.5　单稳态电路工作波形

(1) 静止期：t_1 时刻之前，触发信号 u_i 处于高电平，即 $u_{TR}(u_i) > \frac{1}{3}U_{DD}$。在上电的瞬间电容电压 $u_C = 0$，即 $u_{TH} < \frac{2}{3}U_{DD}$，根据功能表可知，此时电路处于保持状态，接下来通过假设之前的状态进一步讨论其输出。

设 $u_{OUT}=0$，开关管导通。这时 D 端接地，则 $u_C \approx 0$。

设 $u_{OUT}=1$，开关管截止。这时电路通过 R 对 C 进行充电，当 u_C 充电至略大于 $\frac{2}{3}U_{DD}$ 时，即 $u_{TH}>\frac{2}{3}U_{DD}$，$u_{OUT}=0$，开关管导通，使得 $u_C \approx 0$。

可见，触发信号为高电平时，电路处于稳定状态，即 $u_C \approx 0$，$u_{OUT}=0$，开关管导通。

(2) 工作期：t_1 时刻，触发信号 u_i 输入负脉冲，即 $u_{TR}<\frac{1}{3}U_{DD}$。这时 $u_{OUT}=1$，开关管截止，电路通过 R 对 C 充电。而触发信号输入的负脉冲已经在 t_2 时刻变回高电平，此时电路处于保持状态，当 u_C 充电至略大于 $\frac{2}{3}U_{DD}$ 时，电路输出发生变化，$u_{OUT}=0$，开关管导通。

(3) 恢复期：t_3 时刻之后，$u_{OUT}=0$，开关管导通后，电容通过开关管迅速放电，电路恢复稳态。

由上可知，该电路工作期是电容充电过程，可以通过三要素法求解。在此期间的三要素如下：

$$u_C(0_+)=0, \quad u_C(\infty)=U_{DD}, \quad \tau=RC$$

显然，u_{OUT} 的高电平段为暂稳态，暂稳态的脉冲宽度 t_p 计算如下：

$$t_p=\tau\ln\frac{u_C(\infty)-u_C(0_+)}{u_C(\infty)-u_C(t)}=RC\ln\frac{U_{DD}-0}{U_{DD}-\frac{2}{3}U_{DD}}=RC\ln3=1.1RC$$

改变定时元件 R 与 C 的参数值，就可以改变 t_p，说明脉冲宽度只与外部所接定时元件的参数有关，而与 555 定时器内部电路没有关系。还需要注意的是，为了让电路能够正常工作，外接的触发负脉冲宽度要比 t_p 短。单稳态电路主要用来定时、延时等。

15.4.3 多谐振荡器

由 555 定时器构成的多谐振荡器可以产生周期矩形波信号。图 15.4.6 是多谐振荡器的原理图，该电路没有外接信号，只接入了两个电阻和一个电容。TH 与 $\overline{TR}$ 这两端接到一起，通过电容 C 接 U_{SS}，电阻 R_1、R_2 相连后分别接 U_{DD} 和电容 C。多谐振荡器的电路结构为"26 搭一，上二 R 下 C，二 R 接 7"。

电路中存在两个回路，当开关管截止时，$U_{DD}\to R_1\to R_2\to C\to U_{SS}$ 形成充电回路。而当开关管导通时，$R_2\to C\to U_{SS}$ 形成放电回路。下面分别讨论这两种情况。

1. 第一暂稳态

当电路接通时，$u_C=0$，TH、$\overline{TR}$ 与 C 相连，即 $u_{TH}=u_{TR}=0$，这时 $u_{OUT}=1$，开关管截止。电路通过 R_1、R_2 对 C 充电，充电的暂态过程三要素如下：

$$u_C(0_+)=0, \quad u_C(\infty)=U_{DD}, \quad \tau=(R_1+R_2)C$$

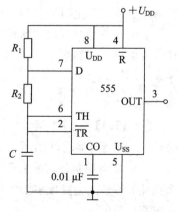
图 15.4.6 多谐振荡器原理图

但在实际中电容无法充电至U_{DD}。当电容电压u_C在$\frac{1}{3}U_{DD} \sim \frac{2}{3}U_{DD}$区间时，电路处于保持状态，输出不变。当$u_C$略大于$\frac{2}{3}U_{DD}$时，$u_{OUT} = 0$，开关管导通。电路进入第二暂稳态。

2. 第二暂稳态

当$u_{OUT} = 0$，开关管导通时，C通过R_2放电，放电的暂态过程三要素如下：

$$u_C(0_+) = \frac{2}{3}U_{DD}, \quad u_C(\infty) = 0, \quad \tau = R_2 C$$

在这个过程中，电容持续放电，当u_C在$\frac{1}{3}U_{DD} \sim \frac{2}{3}U_{DD}$区间时，电路输出处于保持状态，输出不变。当$u_C$略小于$\frac{1}{3}U_{DD}$时，$u_{OUT} = 1$，开关管截止，电路回到第一暂稳态。

第一暂稳态的三要素，除了上电时，$u_C(0_+) = 0$，其余时刻$u_C(0_+) = \frac{1}{3}U_{DD}$。电路反复充电、放电，两个状态都是暂稳态，说明多谐振荡器并不存在稳态。在 OUT 端输出的矩形波周期为

$$T = T_1 + T_2$$

T_1与T_2根据三要素法分别计算，则

$$T_1 = (R_1 + R_2)C\ln\frac{U_{DD} - \frac{1}{3}U_{DD}}{U_{DD} - \frac{2}{3}U_{DD}} = 0.7(R_1 + R_2)C$$

$$T_2 = R_2 C\ln\frac{0 - \frac{2}{3}U_{DD}}{0 - \frac{1}{3}U_{DD}} = 0.7R_2 C$$

$$T = T_1 + T_2 = 0.7(R_1 + 2R_2)C$$

显然，改变定时元件R_1、R_2与C的参数值，就可以改变矩形波的周期T，说明矩形波的周期也与 555 定时器的内部电路没有关系。

多谐振荡器的应用非常广泛，可以为时序电路提供时钟，还可以为扬声器发出各种音频信号提供不同的频率。

专题探讨

第 30 课

【专 15.3】 已知 555 定时器中$U_{DD} = 18$ V，CO 端通过$0.01~\mu$F 的电容接地。此时定时器内部的两个电压比较器的基准电压各是多少？如果 CO 端通过 $10~k\Omega$ 电阻接地，那么 555 定时器中电压比较器的基准电压会发生什么变化？各自又会变成多少？如果要构成单稳态电路，则当 CO 连接不同时，对触发信号的要求相同吗？

三题练习

【练 15.7】 当 555 定时器的引脚 2 上有一个负脉冲时，输出端输出了一个宽度为

100 ms 的正脉冲。试问 555 定时器接成了何种电路，外接定时元件应该如何选取？

【练 15.8】 已知多谐振荡器的 $R_1 = 100 \text{ k}\Omega$，$R_2 = 5.1 \text{ k}\Omega$，$C = 0.01 \ \mu\text{F}$，求输出波形的频率。

【练 15.9】 图 1 所示电路是一个延时触摸开关电路，引脚 2 接了金属片，当手摸金属片时，会产生一个负脉冲，假设 $R = 200 \text{ k}\Omega$，$C = 50 \ \mu\text{F}$。试问 555 定时器接成了何种电路？说明电路原理。

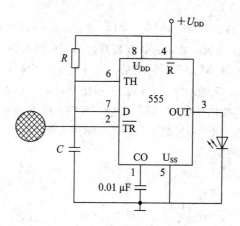

图 1 练 15.9 的电路

设计一个 0～9 秒计时器并选择元器件。要求时钟信号由 555 定时器提供，时间能在七段数码管上显示，当计时到 9 秒后，发光二极管发光提示。

参 考 文 献

[1]　唐介，刘蕴红. 电工学（少学时）[M]. 4 版.北京：高等教育出版社，2017.

[2]　秦曾煌.电工学[M]. 7 版. 北京：高等教育出版社，2015.

[3]　邱关源，罗先觉. 电路[M]. 5 版. 北京：高等教育出版社，2006.

[4]　汤蕴璆. 电机学[M]. 5 版. 北京：机械工业出版社，2014.

[5]　江晓安，付少锋. 模拟电子技术[M]. 4 版. 西安：西安电子科技大学出版社，2016.

[6]　江晓安，周慧鑫. 数字电子技术[M]. 4 版. 西安：西安电子科技大学出版社，2016.